L'Examen des Viandes

DU MÊME AUTEUR

MÉDECINE

Las Enfermedades del Ganado, in-16, 498 p. Santiago, 1899.

Études d'Anatomie pathologique et de Bactériologie comparée, in-8, 58 p. Santiago, 1901.

La Organización animal, in-16, 272 p. Santiago, 1902.

Mémoires divers *in* Revues françaises et chiliennes (1895-1902).

POÉSIE

Heures de loisir, in-18, 32 p. Bordeaux, 1895.

Heures d'incubation, in-8, 54 p. Santiago, 1899.

Centenaire de Victor Hugo. Santiago, 1902.

Pour la Martinique. Santiago, 1902.

Minutes involutives, in-16, 48 p. Santiago, 1903.

MUSIQUE

Los Recuerdos, valse. Santiago, 1900.

Valse insipide. (*Sous presse.*)

381-03. — CORBEIL. Imprimerie ÉD. CRÉTÉ.

L'Examen des Viandes

PAR

Daniel **MONFALLET**

MÉDECIN-VÉTÉRINAIRE

AVEC FIGURES INTERCALÉES DANS LE TEXTE

PARIS

LIBRAIRIE J.-B. BAILLIÈRE ET FILS

19, RUE HAUTEFEUILLE, 19

—

1904

A

M. J. GIRARD DE RIALLE

MINISTRE DE FRANCE AU CHILI

Respectueux hommage.

PRÉAMBULE

L'examen des viandes repose logiquement sur un ensemble de caractères d'ordre scientifique. Le technicien doit, en effet, découvrir avec promptitude les altérations nuisibles des organes destinés à l'alimentation humaine.

Par ses études antérieures et l'exercice quotidien de sa carrière professionnelle, le vétérinaire possède seul les connaissances nécessaires à la détermination des lésions les mieux dissimulées. Aux erreurs flagrantes de l'empirisme, aux hypothèses séduisantes et hâtives, il substitue les principes ou faits établis par l'observation. Il ne s'abstient jamais de contrôler ses vues par les données de l'expérimentation.

Maires et autorités urbaines, économes des collèges et lycées, administrateurs des hôpitaux, intendants de l'armée, etc., trouvent auprès du vétérinaire une aide précieuse et un appui sûr dans l'accomplissement de leur mission. Heureux de se dévouer pour le bien public, le vétérinaire se livre avec ardeur à l'étude si attachante des processus morbides et tente de remonter jusqu'à leur source. Il est donc ainsi le collaborateur du progrès médical.

C'est plus particulièrement dans l'Amérique du Sud que le vétérinaire apporte un contingent important de préceptes nouveaux et devient ainsi un agent puissant de l'hygiène civilisatrice.

Pour ces motifs et *en l'absence absolue* de vétérinaires diplômés dans les abattoirs du pays où nous exerçons, nous avons tenu à exposer les premiers principes ou règles indispensables à la sauvegarde de la santé publique. Nous condensons dans cette *Introduction* les données fondamentales ou décisives que réclame, au Chili, l'exercice de l'expertise alimentaire.

En écrivant ce travail, l'auteur n'a eu qu'un désir : être utile. Il sera satisfait si les amis de sa patrie adoptive veulent bien se rappeler cette pensée : « Celui qui nous instruit est notre compatriote ». (VOLTAIRE.)

D. MONFALLET.

Santiago, 13 août 1903.

L'EXAMEN DES VIANDES

CONSIDÉRATIONS GÉNÉRALES

> « Il n'y a qu'une science de la vie,
> il n'y a que des phénomènes de
> la vie qu'il s'agit d'expliquer aussi
> bien à l'état pathologique qu'à l'état
> physiologique. » (CL. BERNARD, *In-
> troduct. à l'étude de la méd. expér.*,
> Paris, 1865, p. 257.)

Il n'est pas sans intérêt de réunir ici les données scientifiques utiles à l'étude du bétail de boucherie dans ses rapports dynamiques et morbides. Nous traiterons tout d'abord de la composition intime de la matière vivante ; puis, ayant énuméré les généralités relatives aux manifestations usuelles de l'énergie, nous envisagerons la métamorphose des mécanismes fonctionnels représentés par les muscles. Le mouvement locomoteur, qui est la forme énergétique la plus accessible à l'observation, sera considéré comme le témoignage des forces potentielles contenues dans les viandes et organes comestibles.

Nous appuyant sur l'axiome précité de CLAUDE BERNARD, nous étudierons les principaux troubles qui désagrègent les tissus constituant la matière alimentaire.

Cette *Introduction*, spécialement destinée au Chili, comprend six chapitres :

a. Organisation cytochimique ;
b. Énergie et ses transformations ;
c. Système moteur de relation ;
d. Appareil locomoteur ;
e. Organes comestibles ;
f. Désorganisation histochimique.

I. — ORGANISATION CYTOCHIMIQUE.

Tous ceux qui s'occupent de technologie animale, soit pour leur profit, soit pour leur agrément, oublient trop souvent qu'ils ont à exploiter des êtres animés et que les animaux ne sont pas de simples machines industrielles. Semblant méconnaître la caractéristique de l'individualité, en un mot l'état d'organisation, ils négligent les attributs des éléments anatomiques dont dépendent les aptitudes.

Claude Bernard, le sage prophète des concepts scientifiques, a cependant émis cette vérité incontestable que « l'être vivant forme un organisme et une individualité ».

Tous les êtres ont une contexture, une conformation idiosyncrasique et des caractères communs assujettis à des lois générales; mais ils se distinguent néanmoins par des modalités qui leur attribuent un facies particulier. Qu'il s'agisse du bœuf ou d'un sujet quelconque, il faut voir en lui une machine bien agencée, révélant une individualité propre, conférée par l'hérédité.

L'individu est un moteur dont les manifestations actuelles se conforment aux exigences héréditaires, ainsi qu'aux circonstances extérieures dont elles sont l'esclave.

Chaque individu, a dit Spencer, commence son évolution biologique avec un capital différent. L'animal apporte donc, au moment de sa naissance, un fond personnel, son patrimoine énergétique; il possède une énergie ancestrale, faculté évolutive qui constitue l'arme principale de la lutte pour la vie. Chez lui les fonctions organo-végétatives, peu protectrices, sont essentiellement nutritives et plus intenses que chez l'adulte.

Si l'on considère, non plus le nouvel être, mais l'individu, durant sa courte et précaire vie, on voit qu'il ne prend au milieu qu'une parcelle d'énergie cosmique infinitésimale, il en profite de façon discrète et la restitue forcément à sa mort. Chez l'adulte, l'acte de la reproduction indispensable à la propagation de l'espèce et qui constitue en quelque sorte le miroir conservateur des variations spécifiques n'est en définitive qu'une conséquence obligée du développement nutritif.

En cela, les organismes mâles et femelles diffèrent de leurs parents, ils acquièrent leur indépendance, s'associent librement, fusionnent leur énergie évolutrice, engendrent le nouvel être qui prolonge le développement de la lignée. L'aptitude hérédo-fonctionnelle ou aptitude nutritive, examinée aux divers âges de la vie (jeune âge et période adulte seulement), doit être, pour ces raisons, la préoccupation constante de l'éleveur. Celui-ci sélectionnera son bétail en groupes bons consommateurs de l'énergie végétale : c'est la notion préliminaire de toute entreprise zootechnique.

État cellulaire. — Le point de départ de l'organisation vivante est un élément morphologique, la *cellule*, petite masse molle, de nature albuminoïde (1). L'animal n'est pas autre chose qu'une association collective de cellules dont chacune est plus spécialement adaptée à une fonction. Chez lui, les cellules forment des groupes disciplinés pour l'accomplissement des actes organiques. Au sein de ces unités se rencontre toujours une partie active, sorte d'automate représenté par une tache condensée, distincte, souvent hétérogène, dite *noyau* ou *nucléoplasma*, la masse qui l'entoure étant le *protoplasma* ou *cytoplasma* d'apparence généralement homogène. Souvent aussi il existe une ou plusieurs granulations réfringentes, les *nucléoles*, dérivées des réactions nutritives.

La cellule est continuellement le siège de modifications physiques et chimiques ; elle demeure le substratum indélébile des phénomènes vitaux. Possédant dans sa composition des matières quaternaires, azotées, très nombreuses, on n'a pu encore établir ce que les chimistes nomment la *formule de constitution atomique*. On croit aujourd'hui que le noyau est le centre directeur des manifestations successives de la nutrition.

La molécule d'albumine vivante renferme des substances très diverses, entre autres des combinaisons minérales surtout ferrugineuses, magnésiennes et phosphorées, ainsi que, fréquemment, des groupes amidés voisins des composés de l'ammoniaque. Sa fragile instabilité, la multiplicité de ses fonctions ne nous permettent pas encore d'apercevoir tous les facteurs de sa formation, de son accroissement. Cependant, en présence des faits nouveaux qui surgissent dans l'étude des albuminoïdes, notamment de ceux qui sont mis en œuvre durant la période embryologique — les protamines de Kossel, — on peut espérer les mettre bientôt en évidence dans les tissus des êtres adultes et suivre phase par phase leurs transformations.

Déjà nos connaissances des *nucléo-albumines* renfermées dans beaucoup de cellules animales et végétales deviennent positives. C'est d'abord leur dédoublement qui donne une albuminoïde et une nucléine (les nucléines ainsi isolées fournissent jusqu'à 5 p. 100 de phosphore). Ces nucléines, bien étudiées par Liliexfeld dans les noyaux des leucocytes sanguins, se trouvent principalement dans les glandes, les organes lymphoïdes, les éléments sexuels, partout où règne une grande activité histovitale, où la prolifération cellulaire est intense. Localisées dans les noyaux, dans le nucléoplasma, ce sont elles que les chimistes allemands appellent des *Kernuucleines* et, comme elles constituent la substance chromatique,

____

(1) « Si quelqu'un exprimait un jour l'idée qu'au protoplasma de l'ovule de chaque espèce animale ou végétale correspond un type déterminé d'albuminoïde, il n'y aurait rien à objecter. » (Hofmeister.)

on pourrait plus exactement les dénommer *Chromatinonucléines*.

En outre de ces kernnucléines, on sait qu'il existe encore un autre groupe de substances qui donnent, par hydrolyse, de l'acide phosphorique et une matière albuminoïde, mais qui, par contre, ne donnent pas de bases xanthiques. Ce sont les « paranucléines » qu'on trouve dans le protoplasma des éléments riches en réserves. D'après Altmann, on obtient aussi bien avec les paranucléines qu'avec les kernnucléines des composés définis (*acides nucléiques*) qui ont entre eux de grandes analogies quelle que soit leur origine. Dépourvus de soufre, ils possèdent une composition centésimale où l'azote et le phosphore sont dans le rapport de trois atomes du premier à un atome du second et contiennent 8 à 10 p. 100 de phosphore. Les acides nucléiques coagulent certaines toxines végétales ou microbiennes, telles que la ricine, les toxines diphtérique et tétanique (Tichomiroff). On a invoqué cette action pour interpréter les effets antitoxiques des globules blancs. Ces acides, d'une conformation moléculaire peu connue, ont été l'objet de nouvelles recherches originales de la part des chimistes européens. Ceux-ci affirment que les différents acides nucléiques, que nous connaissions fort peu auparavant, renferment des hydrates de carbone variés. Udransky va même jusqu'à soutenir l'existence du groupe hydrocarboné dans les corps albuminoïdes, c'est-à-dire de principes ternaires. — Il est encore établi que la molécule albuminoïde renferme de l'urée : c'est là une notion émise, pour la première fois, par Schutzenberger, démontrée de façon péremptoire par les travaux de Lossen. En général les substances albuminoïdes se combinent entre elles facilement ; les combinaisons obtenues dans l'organisme sont instables. S'il est vrai que la cristallisation soit un indice certain de la pureté des corps, il ne faudrait cependant pas considérer un corps albuminoïde d'origine cellulaire comme pur parce qu'il est cristallisé. D'ailleurs, à l'exception de la matière colorante du sang, la plupart des albuminoïdes sont incristallisables. « Il n'y a guère de substance cristallisée, selon Wichmann, qui, pareille à une éponge, renferme autant de matières étrangères à l'état dissous que l'albumine. »

Armand Gautier stipule leur caractère essentiel dans la définition suivante : « Les matières albuminoïdes sont des nitriles complexes aptes à s'hydrater sous l'influence de l'eau aidée des ferments, des alcalis et des acides, en absorbant autant de molécules d'eau que ces nitriles contiennent d'atomes d'azote ».

Des ferments anaérobies, tels que le *Bacterium catenula claviformis*, provoquent la fermentation putride des albuminoïdes par le procédé de l'hydratation et du dédoublement.

Enfin, une faculté importante de la molécule albuminoïde est celle de pouvoir agir à la fois comme acide et comme base. ce qui est extrêmement précieux pour les actions synthétiques effectuées dans l'économie.

Hydrates de carbone. — Indépendamment des substances albuminoïdes, on trouve dans la matière vivante des principes non azotés (*principes ternaires*) que la chimie groupe en : *hydrates de carbone* et *corps gras*. Pflüger les considère comme les satellites des albuminoïdes.

Les *hydrates de carbone*, surtout très répandus dans les cellules végétales, se divisent en : monosaccharides, disaccharides et polysaccharides. Les premiers ont la formule $C^6H^{12}O^6$; ils possèdent la propriété de réduire les corps riches en oxygène. Ils fermentent avec la levure de bière et réduisent les liqueurs cupro-alcalines. Le glucose ordinaire, le lévulose, le galactose appartiennent aux monosaccharides. — Les disaccharides, de formule $C^{12}H^{22}O^{11}$, comprennent le saccharose ou sucre de canne, le lactose ou sucre de lait et le maltose. Ils ne fermentent qu'après avoir été transformés en glucose; sauf le sucre de canne, ils réduisent la solution cupro-potassique. — Les polysaccharides ou amyloses répondent au symbole $(C^6H^{10}O^5)^n$; ce sont des anhydrides du glucose. Parmi eux on trouve l'amidon, observé dans toutes les cellules vertes des plantes, et le glycogène, qu'on rencontre particulièrement dans les cellules du foie et le parenchyme des viandes. La plupart des polysaccharides peuvent se changer en glucose sous l'influence des sucs digestifs ou des ferments solubles.

Corps gras. — Les *graisses*, généralement abondantes dans les cellules animales, sont formées par l'union d'un alcool triatomique, la glycérine, avec des acides gras de la série acétique et oléique. Ces combinaisons, qui représentent des éthers, s'opèrent avec élimination d'eau; elles ne contiennent qu'une faible proportion d'oxygène. Leur formule générale est par conséquent :

$$C^3H^5(OH)^3 + 3C^nH^{2n}O^2 - 3H^2O = triglycérides.$$
$$\text{Glycérine.} \qquad \text{Acide gras.}$$

On trouve chez les animaux : la stéarine ($C^{57}H^{110}O^6$); la palmitine ($C^{51}H^{98}O^6$); l'oléine ($C^{57}H^{104}O^6$). En présence des bases alcalines, elles se dédoublent (saponification); ce phénomène se produit dans l'organisme sous l'influence des liquides digestifs.

A côté des graisses proprement dites, on mentionne encore des substances phosphorées voisines des corps gras, en un mot des graisses phosphorées appelées *lécithines*. C'est ainsi que les cellules des couches corticales de la capsule surrénale doivent à des lécithines leur texture spongieuse (spongiocytes). Des expériences récentes ont montré que cette variété de graisse était sécrétée par les capsules et que son développement était en corrélation physiologique avec la fonction de ces glandes vis-à-vis du travail musculaire.

Principes minéraux. — Nous n'avons distingué actuellement que les éléments généraux de la matière organisée, mais il faut faire intervenir quelques *principes minéraux*, dissous dans l'eau, qui sont nécessaires à la production des phénomènes de la vie. Ce sont spécialement des chlorures, carbonates, sulfates et phosphates alcalins apportés aux tissus par les aliments et partiellement éliminés avec les urines et excrétions. Parmi eux signalons le plus utile, le chlorure de sodium, très répandu dans tous les liquides de l'organisme ; il sert de régulateur des hydratations protoplasmiques.

L'*eau* enfin joue un rôle prépondérant dans les phénomènes élémentaires de la vie ; elle est le milieu naturel, nécessaire mais non suffisant des activités chimiques de la cellule. Sa grande proportion dans les tissus et humeurs des organes (eau de constitution) prouve son importance biologique : la salive, le sang, les muscles et les centres nerveux en contiennent de fortes proportions ; beaucoup d'organismes inférieurs ne sont presque formés que d'eau. D'après le physiologiste Raphaël Dubois, l'eau, qui de tous les liquides a la chaleur spécifique la plus élevée, est le fluide biogénique par excellence. Pour lui, les êtres vivants ne sont, pour ainsi dire, que des gelées aqueuses en mouvement, « de l'eau animée ».

Quelques *gaz*, tels que l'oxygène et l'acide carbonique, existent en dissolution dans l'eau ou bien encore en combinaison instable dans le protoplasma. L'acide carbonique est le plus général et le plus important auto-régulateur des phénomènes bio-énergétiques, principalement de ceux dans lesquels l'oxygène intervient (Raphaël Dubois).

Ferments solubles. — La transformation des substances alimentaires qui s'opère dans l'organisme au moyen de réactions physico-chimiques très intenses s'effectue en réalité sous l'influence de *ferments* que sécrètent les éléments cellulaires. Les ferments digestifs, par exemple, exercent des actions profondes qui s'accusent par un dégagement de chaleur et une fixation d'eau. On peut dire, d'une façon générale, que la digestion est une hydratation exothermique.

Parmi les ferments solubles (*enzymes*), il est un groupe dont l'importance est majeure ; ce sont les diastases oxydantes ou *oxydases* rencontrées dans les organes glandulaires. L'iodothyrine, la sphygmogénine, l'ovarine, etc., sont, par exemple, des agents régulateurs de la nutrition générale, ceux qui assurent, au même titre que le système nerveux, l'équilibre des processus intracellulaires. Sur ce point, les travaux réalisés par Jacquet, Hanriot, Bertrand, etc., ont ouvert à la chimie biologique une voie certaine, qui permet de concevoir les plus belles espérances (1).

(1) Les métaux, à un état de division extrême, semblent avoir aussi la faculté fermentative : 1 gramme de platine en solution colloïdale dans 300 000 litres d'eau détermine facilement la décomposition de l'eau oxygénée.

Déjà la connaissance de ces ferments s'affirme plus nettement de jour en jour et pénètre les industries zootechniques. Les magnifiques études de Duclaux sur la constitution du lait, celles d'Arthus et Pagès sur sa coagulation, les travaux de Freudenreich sur le rôle fermentatif des microorganismes des fromages, la découverte de Babcock (ferment du précipité caséeux condensé sur les parois des écrémeuses centrifuges) et celle de Storck (matière azotée muqueuse d'une enveloppe liquide des globules butyreux), les patientes recherches de Hutinel et Nobécourt sur les ferments solubles contenus dans le lait des femelles, enfin les travaux accomplis par Metschnikoff et ses élèves sur les cytotoxines, voilà, en quelques lignes, autant de notions nouvelles, problèmes captivants du plus haut intérêt pour le zootechnicien et l'industriel. Beaucoup de laiteries danoises et nord-américaines, quelques fromageries françaises et suisses ont déjà mis les enzymes en application et leur doivent leur rapide prospérité.

Au point de vue de la physiologie, ce sont des agents catalytiques de nature colloïdale qui, tantôt accélèrent, tantôt annihilent les actes vitaux (1). En raison de leurs actions, souvent réversibles et régulatrices, on peut vraisemblablement se demander si, dans la cellule, chacune des réactions ne serait pas sous l'autorité exclusive du pouvoir fermentatif. Après tout, il ne répugne pas à Raphaël Dubois d'accorder aux enzymes une propriété de structure et de les considérer comme d'infiniment petits dialyseurs. Pour l'instant, sachons que la Science, qui dispose de ressources inépuisables pour expliquer l'enchaînement stéréochimique des atomes ou leur position réciproque dans l'espace, n'a pu interpréter toutes les particularités des cellules et des zymases, et encore moins résoudre les multiples problèmes de leur énorme activité spécifique.

II. — ÉNERGIE ET SES TRANSFORMATIONS.

Quelle que soit la forme de son activité, l'organisme entre en lutte avec la nature; il déplace son corps en un lieu de l'espace et travaille continuellement à vaincre les résistances qu'elle lui oppose. Un travail, mécanique ou autre, est produit quand une résistance est vaincue. On appelle *énergie* d'une source quelconque de travail

(1) L'extrême diffusion de ces animateurs, l'universalité de leurs actions chimiques font dire à Duclaux qu'ils ont aujourd'hui détrôné la cellule. « Ce que la cellule conserve et qu'on n'a pas pu lui enlever jusqu'ici, c'est la direction de cet ensemble de forces qu'elle aménage de façon à être à la fois un organe très plastique et très résistant. Elle a à sa disposition un certain nombre, probablement un grand nombre de serviteurs qu'elle fait concourir à son entretien, à son bien-être, à son besoin de multiplication, à tenir son rang et à jouer son rôle dans le monde, à se défendre de la mort. Bref, chaque cellule vivante nous apparaît en quelque sorte comme la cour d'un prince indien, avec sa hiérarchie, son cérémonial immuable et ses domestiques nombreux et tous spécialisés. »

le travail utile maximum qu'elle peut fournir. Donc l'énergie, comme le travail, peut être évaluée par le nombre de kilogrammètres.

Le *kilogrammètre* est l'unité de mesure et représente le travail produit pour élever, à un mètre de hauteur, un poids de un kilogramme. Toutes les différentes *formes* de l'énergie : chimique, thermique, lumineuse, électrique, etc., ne sont vraisemblablement que les diverses modalités d'une seule et même énergie. Cette conception devient presque une réalité lorsqu'on voit cette transformation avoir lieu de façon permanente dans l'univers. Les différents modes d'énergie sont distingués sous les noms de :

1° *Énergie actuelle* (force vive, énergie cinétique) qui engendre un mouvement actuel ou manifesté actuellement ;

2° *Énergie potentielle* (force de tension) qui a seulement en puissance la faculté d'agir dans des conditions requises, ne se manifeste pas instantanément, mais pourra éclater dans l'avenir. C'est elle qui fut désignée par Thomson comme *énergie statique* et que Helmholtz, dans son célèbre *Mémoire sur la conservation de la force*, appelle la *somme des tensions*.

Tandis que la distinction précédente de deux états d'énergie est due à Rankine, l'emploi du mot *énergie* dans le sens scientifique et sa substitution au mot *force*, toujours confus, furent l'œuvre de Young.

Toutes les modalités de l'énergie, étant liées à la matière, peuvent produire du travail mécanique ou de la chaleur et se réduire réciproquement les unes dans les autres. A la suite des recherches de Carnot (1824), Mayer (1842), Joule (1843), etc., on a pris une certaine quantité de chaleur comme unité thermique, la *calorie* ; elle exprime la quantité de chaleur nécessaire pour élever de un degré centigrade la température de un kilogramme d'eau. Pour toute forme d'énergie qu'il s'agit d'évaluer numériquement, on se sert de l'unité de mesure thermique ; on exprime sa valeur par le nombre de calories.

Dans les modifications mutuelles de la chaleur et du travail mécanique, on reconnaît que le rapport du travail produit à la chaleur fournie est une constante, que les deux termes se substituent l'un à l'autre dans une proportion invariable. Cette constante se nomme l'*équivalent mécanique* de la chaleur ; elle est d'environ 425 kilogrammètres, c'est-à-dire qu'une calorie a une énergie de 425 kilogrammètres. Inversement, pour obtenir un kilogrammètre de travail il faut dépenser $\frac{1}{425}$ d'une calorie. Cette fraction est l'*équivalent thermique* du travail.

Les faits énoncés plus haut suffisent à montrer l'application à la chaleur du principe de la conservation de l'énergie, précepte qui se trouve placé du reste à la base de la thermodynamique.

Ce principe ne restreint pas son domaine à la chaleur ; il étend sa loi aux espèces matérielles énergétiques, convertibles et mesurables, probablement de source unique.

A une époque où les théories physiques subissent une révolution profonde provoquée notamment par l'étude des hautes températures ; au moment où l'on accepte de toutes parts la doctrine de la mécanique chimique fondée sur la thermodynamique, nous ne saurions nous empêcher de suivre, d'une manière rapide, son développement dans le cours du siècle défunt. Car nous trouvons toujours une *transformation* à l'origine des changements énergétiques qui se passent dans la machine vivante et, en particulier, au sein du muscle, siège de puissantes combustions.

Il faut tout d'abord mettre en évidence les belles recherches de Sainte-Claire Deville sur la dissociation ; elles constituaient une preuve de la réversibilité des transformations chimiques.

Le service que ce savant a ainsi rendu à la science est comparable à celui que Galilée a rendu à l'étude du mouvement local lorsque, faisant abstraction du frottement, il a osé énoncer la loi de l'inertie (Duhem).

Chacun sait que l'étude des lois qui président aux décompositions chimiques est inséparable de celle des lois qui régissent les changements d'état physique.

Ces règles furent proclamées dès 1803, époque où Berthollet publie son *Essai de statique chimique* et où surgit pour la première fois l'influence de l'*action de masse* dans toute réaction. Or cette *action de masse* peut maintenant rationnellement s'expliquer par le principe de Carnot qui remonte à 1822.

Plus tard, en 1840, on vit Hess formuler sa « Loi du dégagement constant de chaleur dans les réactions directes ou indirectes », qui devait être la base fondamentale de la thermochimie. C'est Thomson qui, en 1853, sut reconnaître l'identité de la loi de Hess avec le principe de la conservation de l'énergie promulgué en 1822. Cette *notion de chaleur*, superposée à la notion de masse et complémentaire de celle-ci, fut enfin savamment mise en évidence par les travaux de Berthelot (thermochimie, éthérification, synthèses, etc.) qui ont établi la mécanique chimique moderne.

Nous avons voulu, dans cette esquisse d'ordre rétrospectif, faire ressortir avant tout les idées géniales de Berthollet, car elles tendaient à assimiler les effets de l'affinité à ceux de la gravitation, et, comme le dit Reychler, à faire entrer dans le domaine de la mécanique les lois régulatrices des actions chimiques. Qui sait si ces fécondes idées n'ont pas servi de guide à quelques rares initiés ? En tous cas, elles se retrouvent encore aujourd'hui vivifiées dans la plupart des recherches actuelles. Ce n'est qu'en 1867 qu'elles furent, quoique timidement, interprétées après la publication des travaux de

Gulberg et Waage. Ceux-ci précisèrent la notion des masses actives, synonyme de concentrations, et introduisirent un facteur nouveau, le coefficient d'affinité.

TRANSFORMATIONS DE L'ÉNERGIE DANS L'ORGANISME. — Dans toute transformation il y a de l'énergie dissipée qui se montre sous la forme de chaleur inutile ou stérile, conformément à l'équation générale :

$$\text{Énergie dépensée} = \begin{cases} \text{énergie actuelle utile} \\ + \text{ chaleur perdue.} \end{cases}$$

Cette perte de chaleur est, pour tout système partiel, inévitable et, en cette circonstance, elle ne peut amoindrir l'égalité de l'équation définitive.

L'être vivant, envisagé dans la manifestation de ses actes, est un *transformateur* ; il emprunte au dehors l'énergie originelle. Le végétal capable d'édifier les principes immédiats alimentaires ne fait qu'accumuler l'énergie solaire (*réaction endothermique*). L'animal qui, pour sa subsistance, décompose les matériaux approvisionnés dans la plante, fait rentrer dans la circulation générale l'énergie solaire provisoirement accumulée (*réaction exothermique*). De telle sorte que « l'entretien de la vie ne consomme aucune énergie qui soit propre à la vie » (Berthelot).

L'antagonisme des fonctions chimiques dans les deux règnes a fait écrire à Tyndall : « La vie de la plante équivaut à l'élévation d'un poids, celle de l'animal équivaut à la chute de ce même poids ». Par conséquent, *le mouvement de l'animal est la restitution de la chaleur solaire* (1):

Notre savant maître, M. le professeur Laulanié, auquel on doit de laborieuses recherches sur la thermogenèse et la respiration, a été, l'un des premiers, fortement impressionné par un fait inévitable, à savoir que : « toute manifestation des actions vitales s'accompagne, chez les animaux, d'une exagération dans les combustions respiratoires ».

On remarquera que cet aperçu — qui laisse présumer une dépense d'énergie chimique — fait entrevoir la respiration comme la fonction prépondérante commune à tous les tissus.

Il résulte des faits énoncés que, pour produire les énergies actuelles qu'ils manifestent (chaleur, mouvement, électricité), les animaux transforment l'énergie alimentaire, détruisent une somme d'énergie chimique équivalente (2). La transformation peut s'exprimer par l'équation suivante :

(1) Le soleil est le ressort constamment tendu qui entretient toute l'activité terrestre Mayer). La radiation solaire est la cause première de toutes les manifestations vitales Lambling)

(2) Tout animal est, directement ou indirectement, herbivore ; le carnivore se nourrit, il est vrai, d'autres animaux, mais ceux-ci se nourrissent de plantes, et le règne animal tout entier est, à ce point de vue, un parasite du règne végétal (Herzen).

$$\text{Énergie chimique dépensée } \atop (E.\ alimentaire)\Big\} = \Big\{ {\text{travail mécanique } (E.\ utile) \atop + \text{ chaleur produite,}}$$

ce que nous traduirons en disant : la somme des énergies actuelles produites par un animal est équivalente à la somme des énergies potentielles dépensées par cet animal dans le même temps.

Dans cette équation, nous n'indiquons que les termes extrêmes de la transformation opérée par le foyer animal. Or, il est un terme intermédiaire qui a été distingué et isolé par l'éminent vétérinaire M. Chauveau, dans l'équation générale du moteur vivant. Ce terme, cet effort profond et discret des tissus employé pour vaincre une résistance est « leur travail intérieur envisagé en dehors de ses manifestations sensibles et utiles ».

Pour fournir quelques exemples, citons avec Chauveau : le travail intérieur du muscle qui se contracte ; l'état d'un nerf qui transmet une excitation ; l'effort silencieux de l'épithélium qui sécrète. Dans tous les cas, ce travail reste distinct de ses manifestations visibles et utiles, et il doit en être distingué. Il n'y a aucune analogie entre le travail intérieur de la contraction et le travail mécanique du muscle, entre l'effort invisible et purement vital de l'épithélium et le produit chimique qui résulte de cet effort, entre la vibration nerveuse et l'explosion sensitive ou motrice qu'elle détermine.

Le travail intérieur n'est autre chose que l'énergie vivante elle-même, ce que Chauveau appelle si exactement le *travail physiologique*.

Si nous admettons, avec Chauveau, que le travail occulte consomme temporairement *toute* l'énergie potentielle mise en œuvre dans le cycle des transformations, l'équation générale devient alors :

$$\text{Énergie chimique} = \text{travail physiologique} = \Big\{ {\text{travail utile} \atop + \text{ chaleur.}}$$

Elle se simplifie, si l'on suppose l'animal au repos, en :

$$\text{Énergie chimique} = \text{travail physiologique} = \text{chaleur.}$$

Dans la primitive conception thermodynamique, l'équation avait la forme suivante :

$$\text{Énergie chimique} = \text{chaleur} = \Big\{ {\text{chaleur} = \text{travail physiol.} = \text{chaleur} \atop + \text{ chaleur dissipée immédiatement.}}$$

Dans les deux séries, aussi bien dans le cycle divergent de la thermodynamique que dans le cycle unisérial de Chauveau, la *chaleur finale* est la restitution intégrale et l'équivalent du potentiel consommé ; elle mesure, par conséquent, l'énergie dépensée dans la production du travail physiologique. La chaleur apparaît ainsi comme l'expression fatale de l'activité vivante et comme un résidu des transformations qui engendrent cette activité (LAULANIÉ). Elle est, par conséquent, un *excretum* (expression juste et pittoresque de CHAUVEAU), mais un excrément qui garde sa haute signification : il est l'objet d'une fonction spéciale, la régulation de la température animale.

III. — SYSTÈME MOTEUR DE RELATION.

L'organisme, mis en conflit avec les forces extérieures, entre en correspondance et en rivalité au moyen d'organes spéciaux qui réalisent un système moteur (muscles, nerfs).

Parmi les faits généraux de la dynamique vitale qui appartiennent en propre au système de relation, les mouvements locomoteurs sont les plus impressionnants et les mieux connus.

Pour communiquer avec le milieu, l'animal emploie des procédés divers, qui tous ont cependant un caractère commun : la prise d'un point d'appui dans un espace plus ou moins stable, sur lequel l'être exerce une *action locomotrice* qui l'éloigne et le rapproche de ce point. Ce sont les aliments qui apportent à l'organisme l'énergie dépensée dans ce travail utile, et qui sont ainsi les dépositaires-dispensateurs de l'énergie.

La libération énergétique ou conversion de l'énergie chimique en énergie vitale est sous la dépendance étroite du principe de MAYER qui domine toute la biologie. Ce qui revient à dire : toute manifestation biologique, énergétique, est une *transformation* avec dépense et production corrélatives, dont la somme totale se conserve toujours.

On remarquera que s'il y a équivalence absolue entre les deux termes de ce cycle, il n'y a jamais ni création ni anéantissement véritables d'énergie et que, dès lors, les mouvements des êtres animés, comme ceux des corps bruts, ne sont qu'une transformation dynamique. Il en est toujours ainsi, quelle que soit la disproportion, *a priori* peu acceptable, qui existe entre l'action excitante et la réaction consécutive. Assurément, on ne peut donner encore, avec certitude, un tableau d'ensemble de la circulation de l'énergie vivante, mais on connaît aujourd'hui les termes ultimes de ses transformations.

En ce qui se rapporte aux êtres supérieurs, le développement d'énergie apparaît nettement sous la forme de travail mécanique et sous la forme de chaleur. L'organe qui, chez l'animal, est le siège du travail mécanique, celui qui représente le moteur est le *muscle*. Presque tout le *squelette osseux* est principalement destiné à transmettre le travail musculaire.

En lui-même, tout *acte de relation* comprend des phénomènes de sensibilité et de motilité ; il met en œuvre, chez les animaux domestiques, les instruments musculo-locomoteurs et leurs auxiliaires.

Les os, par eux-mêmes inertes, sont entraînés par l'effet du raccourcissement des muscles, mais ce mouvement ne s'effectue qu'avec un adjuvant.

Les muscles reçoivent, en effet, une excitation particulière du *système nerveux*, qui devient la cause provocatrice de leur changement d'état et du déplacement des pièces osseuses. C'est le système nerveux qui fait produire un phénomène au muscle, c'est lui qui possède la propriété de sentir et de diriger la motilité organique en général. Le tissu qui le constitue est prodigieusement bien agencé pour une transmission entre les actes sensitifs et moteurs. Il est caractérisé par un centre excitable (*neurone*) que l'on représente par une cellule arborisée, indivise, dont les prolongements ne sont que des fibres. Toutes les fibres nerveuses sortent d'une cellule et atteignent une cellule.

La cellule nerveuse émet deux sortes d'appendices : le *cylindraxe* et les *prolongements protoplasmatiques*. Le cylindraxe ou *axone* est la partie essentielle des nerfs, l'élément nerveux conducteur, cellulifuge. Strié longitudinalement, d'un diamètre uniforme, de texture fibrillaire très délicate, le prolongement cylindraxile donne naissance à de nombreuses ramifications collatérales ; il est enveloppé d'une mince couche de protoplasma (*gaine de Mauthner*). — Les prolongements de protoplasma ou *dendrites* sont relativement courts, mais par contre ramifiés en un grand nombre de branches libres à leurs extrémités ; ils sont cellulipètes.

Quant au corps cellulaire du neurone, il est composé d'une masse protoplasmatique ayant au voisinage du noyau des nucléoles brillants et quelques granulations brunâtres.

L'association des neurones nerveux principaux à des parties conjonctives et vasculaires accessoires constitue en somme tous les organes du système nerveux.

La conception moderne, qui considère le système nerveux comme un aggloméral de neurones, dérive des recherches techniques de GOLGI (1880), continuées jusqu'en ces dernières années et particulièrement interprétées par RAMON Y CAJAL. Celui-ci soutient, contrairement à la doctrine de GOLGI, que les prolongements cylindraxiles se terminent toujours par des extrémités libres, non anastomosées, et qu'il n'y a dès lors aucun réseau nerveux diffus, comme on le croyait depuis GERLACH (1871). Il est juste de reconnaître que KOLLIKER et MAX SCHULTZE ne voulurent jamais accepter la théorie du réseau protoplasmatique. En définitive, il s'agit aujourd'hui de savoir si les neurones se juxtaposent par l'articulation de leurs prolongements ou s'ils sont unis entre eux par une continuité anatomique, en un mot s'il y a *contiguïté* ou bien *continuité* de substance (1).

Les nouvelles méthodes de la cytologie imaginées par APATHY (1897), GOLGI (1898), BETHE (1898), ANGLADE (1901), etc., ne semblent pas confirmer la doctrine des neurones, et APATHY conçoit le système nerveux comme formé de *neurofibrilles* conductrices et de *cellules*, véritables éléments fondamentaux. Devenues libres dans le muscle, les neurofibrilles se divisent en *fibres élémentaires* nombreuses ; celles-ci s'anastomosent dans les centres, forment divers *réseaux élémentaires*, des voies conductrices continues : « les fibrilles primitives et les fibrilles élémentaires se continuent les unes avec les autres, aussi bien à la périphérie que dans les centres, par l'interposition d'un réseau nerveux, absolument comme les voies sanguines artérielles se continuent avec les voies veineuses par l'intermédiaire d'un réseau capillaire » (APATHY). Ce savant distingue parmi les cellules : les *cellules nerveuses* proprement dites qui engendrent des neurofibrilles sensitives ou motrices ; les *cellules ganglionnaires*, jonchées sur le parcours des fibrilles, impuissantes à créer aucun élément accessible à notre vue.

Si captivantes que soient ces doctrines et quelque ingéniosité qu'on leur accorde, elles sont encore incertaines. Au point de vue de la physiologie comparée, les faits de sensibilité et de mouvement (fonction sensitivo-motrice) nous apparaissent cependant comme l'expression réactionnelle active du protoplasma, effet de l'énergie excitatrice, à la manière d'un fait-témoin de l'irritabilité.

Sous cette physionomie, dégageons alors la définition de l'irritabilité : c'est — selon IOTEYKO — la faculté que possède la matière vivante de réagir aux modifications de son milieu par une modification de son équilibre matériel et dynamique.

(1) Sur l'évolution des doctrines du système nerveux, consultez : GOLGI, Sulla fina anatomia degli organi del sistema nervoso. Milan, 1886. — MARINESCO, Théorie des neurones. Paris, 1895. — PUPIN. Le neurone et les hypothèses histologiques. Thèse de Paris, 1896. — MARINESCO, Recherches sur l'histologie de la cellule nerveuse (*C. R. Acad. des sc.*, 12 avril 1897, p. 823). — *Id.*, Histopathologie de la cellule nerveuse (*Rev. gén. des sc.*, 30 mai 1897, p. 406). — APATHY, L'élément conducteur du système nerveux et ses rapports topographiques avec les cellules (*Mittheilungen aus der Zool. Station z. Neapel.* 1897, t. XII, p. 485). — BETHE, Sur les fibrilles primitives des cellules et des fibres nerveuses (*Anat. Anzeiger*, Suppl., 1898, p. 37). — GARBOWSKY, La doctrine d'Apathy sur les éléments conducteurs (*Biol. Centralbl.*, 1898, nos 13-14). — GOLGI, La structure des cellules nerveuses (*Arch. ital. de biol.*, 4 nov. 1898, p. 60). — HOCHE, État présent de la théorie des neurones (*Berliner klin. Wochenschr.*, 3-26 juin, 3 juill. 1899). — MARTINOTTI, Particularités de structure des cellules nerveuses (*Arch. ital. de biol.*, 1900, t. XXXII, nº 2). — PRENANT, Les théories du système nerveux (*Rev. gén. des sc.*, 15-30 janv. 1900). — ROSENTHAL, État actuel de la doctrine des neurones (*Biol. Centralbl.*, 15 févr. 1901). — STEFANOWSKA, Sur les appendices terminaux des dendrites (*Arch. des sc. phys. et nat.*, mai 1901). — SOURY, L'amiboïsme des cellules nerveuses (*Presse méd.*, 12 juin 1901). — PUGNAT, La biologie de la cellule nerveuse et la théorie des neurones. Thèse de Genève, 1902. — KRONTHAL, Von der Nervenzelle. Iéna, 1902. — FRAGNITO, Genèse de la cellule nerveuse (*Anat. Anzeiger*, 10 déc. 1902).

Voy. en outre les œuvres magistrales de : BECHTEREW, DÉJÉRINE, OBERSTEINER, RANVIER, SOURY, VAN GEHUCHTEN etc.

Chez les êtres monocellulaires, non différenciés, chez lesquels l'aptitude à réagir aux excitations ne se localise et ne se concentre pas dans des éléments anatomiques de structure complexe, les actes sensitivo-moteurs s'observent et se confondent dans la masse protoplasmatique tout entière. Ils ne sont point spontanés ; mais provoqués par les modificateurs externes, par les conditions spéciales de l'adaptation.

La nutrition avec son corollaire la dénutrition, les mouvements moléculaires incessants du protoplasma trouvent ainsi autour d'eux les excitants qui régissent les variations d'intensité de l'activité physiologique. C'est assurément envers les microorganismes qu'on peut affirmer à ce propos que la composition chimique dirige les caractères morphologiques et qu'une relation s'établit entre la forme spécifique et la texture chimique des tissus. Quelques-uns d'entre eux possèdent un certain perfectionnement qui consiste en la présence de cils en eux-mêmes passifs, mais susceptibles d'être mus par la grande excitabilité du protoplasma (infusoires ciliés).

Un premier degré de *spécialisation fonctionnelle* se rencontre chez des animaux d'organisation quelque peu différenciée, tels que les hydres d'eau douce. La paroi du corps de l'hydre est formée de trois couches superposées qu'on a comparées aux feuillets de l'embryon ; parmi elles existe une tunique d'apparence fibreuse qui contient les *cellules neuro-musculaires*. Ces très curieuses cellules, isolées et bien décrites par RANVIER, nous donnent la réduction, l'ébauche fidèle de l'appareil neuro-moteur des animaux supérieurs, car elles offrent cette particularité primordiale de réunir dans un même élément deux nobles facultés, la contractilité et la neurilité, attributs fondamentaux de l'appareil neuro-musculaire. On leur reconnaît deux parties, l'une externe ou corps cellulaire, qui fonctionne comme organe nerveux sensitif transmettant les excitations reçues à la portion interne filiforme, laquelle agit comme une véritable fibre musculaire.

Un second degré de spécialisation et de *différenciation* parfaite est constaté chez les embryons de vers. Ici la moitié interne musculaire de la cellule acquiert son autonomie par l'apparition d'un noyau ; elle se sépare de la moitié externe sensitive.

A un degré beaucoup plus avancé de l'état d'organisation, la cellule nerveuse centrale, dans sa dualité réelle, se différencie en cellule sensitive et en cellule motrice. Ces deux éléments sont désunis chez les animaux dits par convention *perfectionnés*, mais ils restent fonctionnellement reliés par la sensitivo-motricité (*excito-motricité* des centres nerveux et *conductibilité* des nerfs, les organes périphériques de l'innervation). Si nous supposons que les nerfs excitables et conducteurs aboutissent à des entités glandulaires au lieu d'atteindre les cellules musculaires, la conception générale du mouvement reste néanmoins la même; elle ne changerait nullement si l'on considérait des éléments électriques ou lumineux.

En résumé, on voit que l'élément sensible forme avec l'élément moteur un tout indivisible, depuis les formes les plus humbles de l'échelle zoologique jusqu'aux formes compliquées de l'organisation. Nous concluons donc avec LAULANIÉ que, dans son ensemble, le mouvement est le dénouement d'une série de faits comportant : 1° une *excitation* ; 2° la *transmission de cette excitation par des nerfs sensitifs*; 3° la *transformation de l'excitation dans des couples cellulaires sensitivo-moteurs* et le *dégagement d'une excitation motrice*; 4° la *transmission de cette excitation par les nerfs moteurs*.

Considérant l'acte nerveux simple relativement à la vie de relation, nous dirons avec WALLER : les organes des sens sont le bureau de renseignements; les centres nerveux, l'état-major ; les muscles, les agents exécutifs; les nerfs, les voies de communication.

De telles considérations reflètent en quelque sorte l'*énergie propre* des êtres vivants, énergie de métamorphose acquise par voie héréditaire (E. ancestrale) ou empruntée à l'influence ambiante (E. compensatrice). Elles conduiraient logiquement l'observateur impartial à interpréter les fonctions de relation à la manière d'agents auxiliaires de la nutrition.

Ces fonctions, appropriées aux nécessités internes inhérentes à l'état organisé et aux conditions externes variables selon la nature des excitants, impliquent toujours l'adaptation des individus avec le milieu. Elles se coordonnent de manière régulière en vue d'un résultat utile à l'organisme, et, dans leur finalité immanente, attestent la valeur essentielle des actes nutritifs. Rattachées à l'accomplissement des phénomènes dominateurs de la vie, au mécanisme des activités génératrices en particulier, elles précisent leur but et leur indispensable objet.

IV. — APPAREIL LOCOMOTEUR.

Lorsqu'on a devant soi le mécanisme d'une machine, on s'aperçoit bien vite que, parmi les organes qui la constituent, les uns sont destinés à la création de l'énergie mécanique; les autres, servant à sa transmission, assurent son utilisation. Les premiers sont des *agents moteurs* essentiels, tandis que les autres sont des *agents de transmission*.

Les moteurs puisent leur énergie mécanique dans la transformation d'une autre source d'énergie (moteurs à gaz, moteurs électriques, moulins) et meuvent les appareils, les machines de transmission (bielles, leviers).

Chez l'être vivant, nous avons trouvé aussi une machine semblable dont la complexité se traduisait par des organes analogues actifs et passifs.

Le vertébré possède des muscles essentiellement moteurs, des appareils de transmission et d'utilisation représentés par les os avec leurs articulations, ainsi que par des pièces accessoires dont l'ensemble forme *l'appareil locomoteur*. Celui-ci se compose donc des organes (os et ligaments articulaires, muscles et tendons) qui déplacent le corps.

D'une manière générale, le *squelette*, formé du groupement de diverses parties, est la réunion des variétés du tissu conjonctif, vaste tissu intercalé entre les éléments anatomiques ; il reproduit, à lui seul, la forme générale de l'organisme entier.

Dans un sens plus restreint, on peut encore se représenter le squelette, non plus comme charpente conjonctive du corps, mais seulement comme la réunion des os et organes annexes dans leurs rapports naturels.

Le squelette, comme la totalité du corps, présente, comme on dit en géométrie, un plan de symétrie bilatérale. Certains os sont traversés par ce plan qui les divise en une partie droite et une partie gauche (*os impairs*, symétriques ou médians). D'autres sont placés en dehors du plan de symétrie et se répètent à droite et à gauche du squelette (*os pairs*, asymétriques ou latéraux).

Unis entre eux par des articulations, les os peuvent se mouvoir les uns sur les autres tout en conservant entre eux une position de fixité relative.

Avant d'esquisser toute description du squelette, nous examinerons la *moelle des os*.

Moelle osseuse. — La moelle est une substance sillonnée par des capillaires, qui occupe les alvéoles de la partie spongieuse des os, le canal central des os longs et les canaux de Havers. Elle est molle, et, suivant les cas, plus ou moins riche en principes gras. D'après sa couleur, on distingue trois variétés de moelle : 1° la *moelle rouge*, qu'on observe dans la diaphyse des jeunes animaux et la plupart des os courts et plats du tronc et de la tête chez l'adulte ; 2° la *moelle jaune*, qui remplit le canal médullaire des os des membres chez les sujets en bon état de santé ; 3° la *moelle grise*, plus souvent d'apparence jaune rougeâtre, gélatineuse, se voit dans l'extrême vieillesse et après les maladies infectieuses chroniques. On peut donc les caractériser ainsi : moelle sanguine, moelle adipeuse, moelle muqueuse.

Au point de vue microscopique, la moelle présente un réseau formé de fines fibrilles conjonctives contenant des capillaires presque imperceptibles et plusieurs sortes de cellules prises entre les mailles du réseau.

Depuis 1849, à la suite de la découverte faite par Charles Robin, on distinguait des petites cellules arrondies, à noyau volumineux (*médullocèles*), et de grandes cellules polymorphes, à noyaux multiples (*myéloplaxes*), dans la moelle des animaux domestiques. Les récents travaux de Ehrlich ont montré que ces deux variétés d'éléments appartiennent au groupe des leucocytes.

Si nous étudions une coupe de moelle, fixée dans le stade d'activité, la moelle rouge de préférence qui est peu chargée de vésicules graisseuses, nous décélerons deux séries d'éléments : 1° série hémoglobinaire; 2° série leucocytaire.

La première est constituée par des cellules uniformément pleines d'hémoglobine, les unes d'un volume égal à celui des globules rouges sanguins, mais ayant un noyau (*normoblastes*); les autres dont le volume est triple de celui des hématies (*mégaloblastes*). Pour Neumann, ces éléments deviendraient globules rouges par expulsion de leur noyau.

La seconde série est représentée par des cellules à noyau unique, les unes surchargées de granulations (*myélocytes*), les autres gigantesques dont le noyau, replié sur lui-même, est pourvu de plusieurs bourgeons (*mégacaryocytes*). Celles-ci peuvent digérer des leucocytes de faible envergure.

Nous recommandons de fixer les cylindres de moelle au moyen d'une solution de sublimé iodé et de colorer les coupes par l'éosine orange-bleu de toluidine.

La moelle est le siège de réactions trophiques complexes que déjà Rabelais synthétisait dans l'expression bien connue de *substantifique moelle*. Dans les os des membres, elle est d'autant plus fluide ou riche en oléine qu'on se rapproche davantage de la périphérie. Selon Pagès, la consistance de la moelle d'un os, conséquemment son poids, est en rapport avec l'étendue et la rapidité des mouvements du segment du membre dont cet os constitue la base anatomique.

Description du squelette. — Pour étudier le squelette au point de vue de la conformation statique et des actions locomotrices, nous jugeons avantageux de diviser le sujet en trois parties : *système osseux, système articulaire, système musculaire* (Voy. fig. 1, 2, 3, 4).

a. — SYSTÈME OSSEUX.

Prenons pour type le *cheval*. Examinons les diverses parties squelettiques dans leur agencement normal; indiquons les principales différences comparatives applicables aux divers animaux.

Le squelette des équidés ne comprend pas moins de 193 os plus ou moins dissimulés sous les muscles.

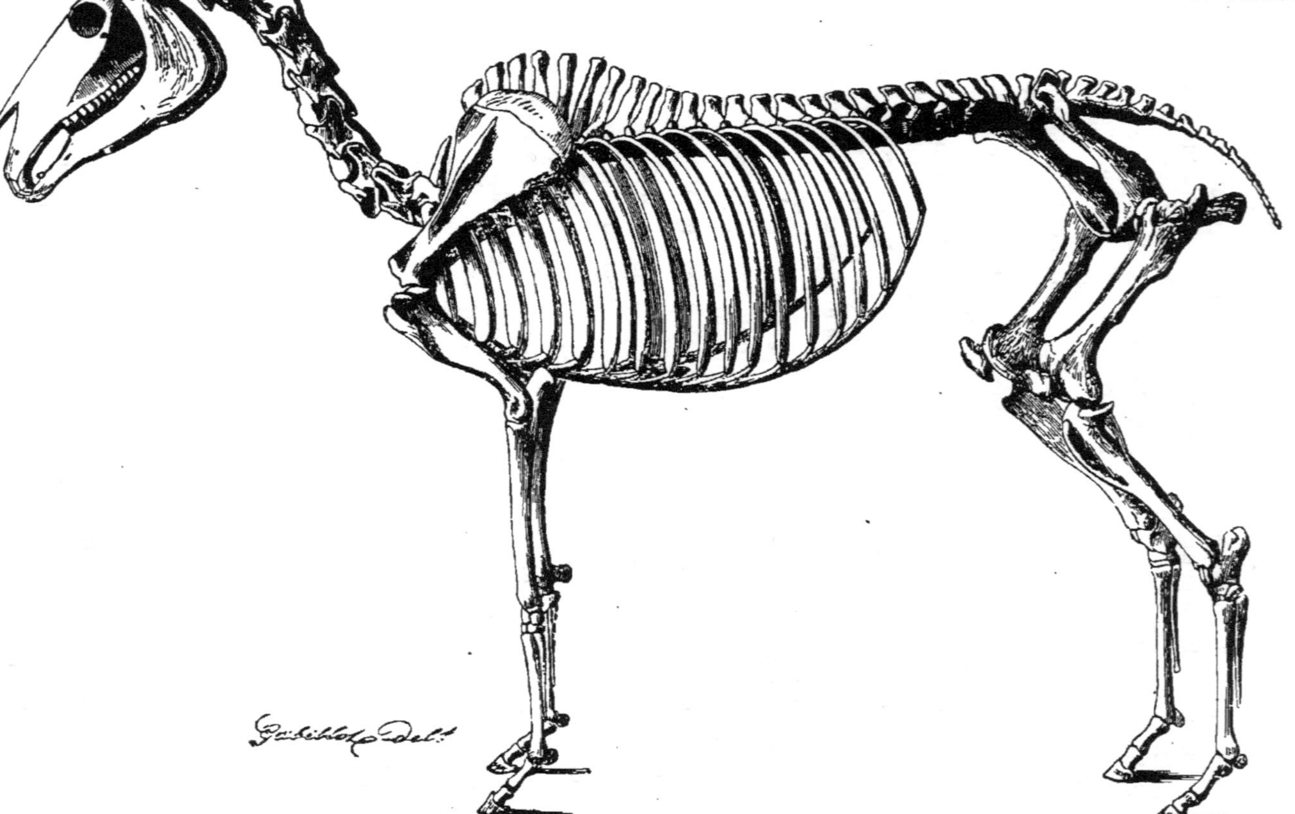

Fig. 1. — Squelette du cheval. (D'après Chauveau et Arloing.)

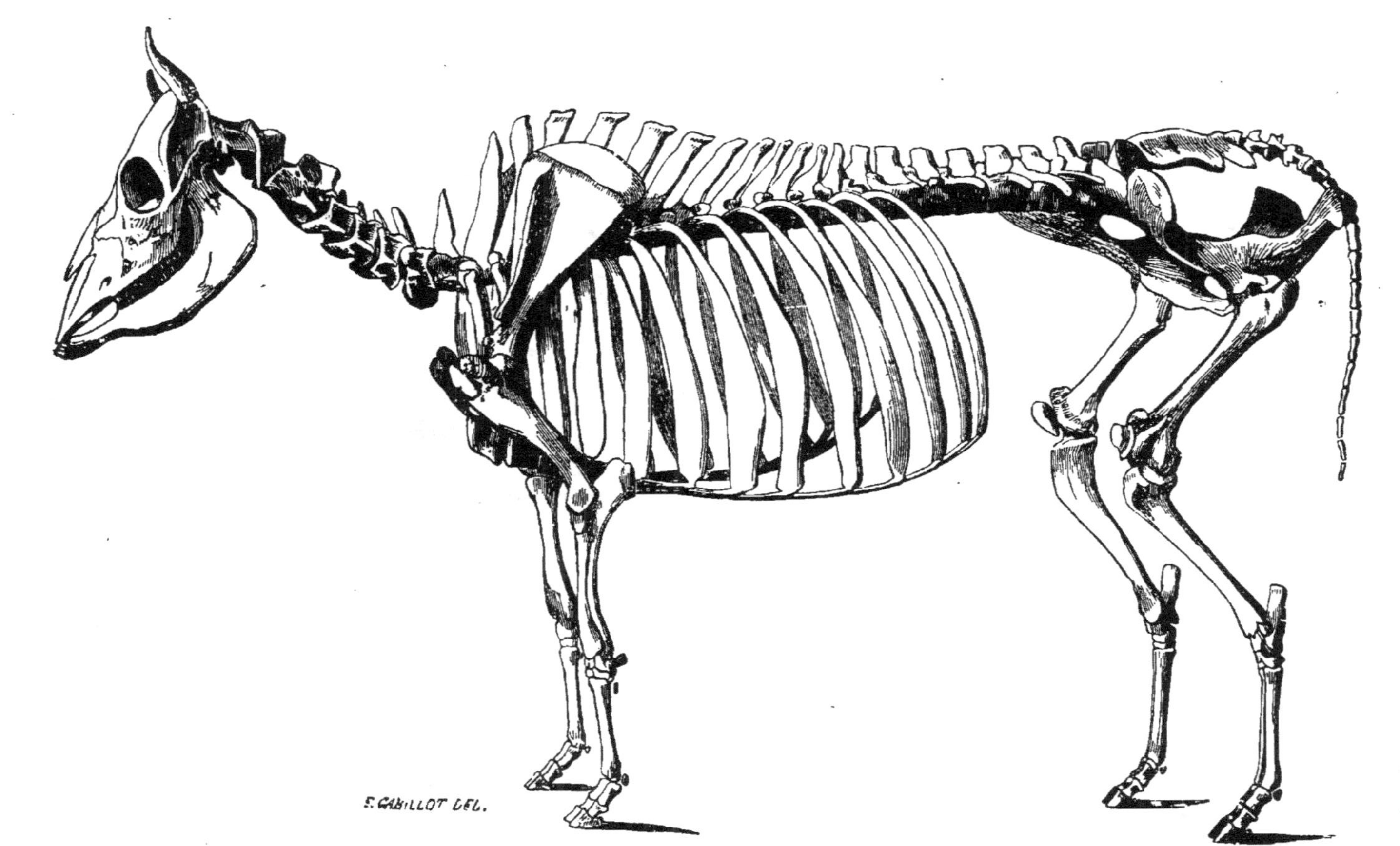

Fig. 2. — Squelette de la vache. (D'après Chauveau et Arloing.)

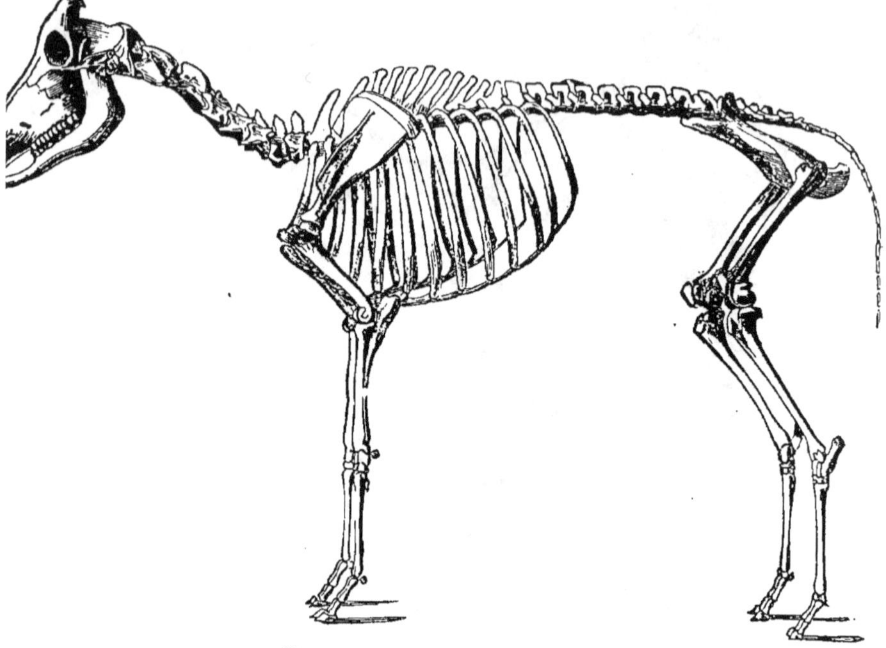

Fig. 3. — Squelette de la brebis.

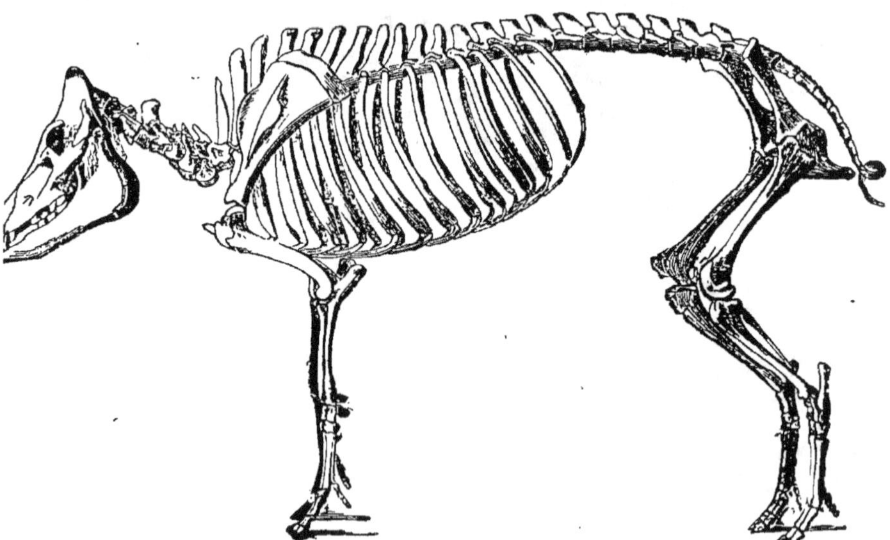

Fig. 4. — Squelette du porc.

L'homme possède.............. 203 os distincts.
Les ruminants................ 196 —
Le porc...................... 270 —
Le chien............. .... 255 —

Nous allons décomposer successivement trois grandes régions : le squelette du *tronc*, celui de la *tête* et celui des *membres*.

A. Squelette du tronc. — Le squelette du tronc se compose lui-même de : la *colonne vertébrale*, les *côtes* et le *sternum*.

1° *Colonne vertébrale*. — La colonne vertébrale ou *rachis* est une tige osseuse articulée, solide et flexible, située à la partie médiane du corps et formée d'une série de pièces osseuses (*vertèbres*) séparées les unes des autres par de petits disques élastiques (*disques intervertébraux*). Considérant que les vertèbres se soudent fréquemment à l'extrémité postérieure de la colonne vertébrale, on a coutume, en anatomie comparée, de distinguer : les vraies vertèbres et les fausses vertèbres. Cela permet de diviser le rachis en cinq régions qui sont, d'avant en arrière : 1° la *région cervicale*; 2° la *région dorsale*; 3° la *région lombaire*; 4° la *région sacrée*; 5° la *région coccygienne*. Nous pouvons donc dresser un tableau numérateur des vertèbres dans les différentes régions :

ANIMAUX.	VERTÈBRES VRAIES.			FAUSSES VERTÈBRES.	
	Cervicales.	Dorsales.	Lombaires.	Sacrées.	Coccygiennes.
Cheval............	7	18	6 ou 5	5	15 à 18
Bœuf............	7	13	6	5	16 20
Mouton..........	7	13	6 ou 7	4	16 24
Chèvre	7	13	6	4	11 12
Porc............	7	14	6 ou 7	4	21 23
Chien............	7	13	7	3	16 21
Chat............	7	13	7	3	21
Lapin............	7	12	7	4	16 à 18
Homme..........	7	12	5	5	4 ou 5

Quel que soit leur style architectural, les vertèbres ont des *caractères communs*, qui appartiennent à toutes les sections précédemment énumérées.

Chaque vertèbre est composée de deux éléments principaux : 1° en avant, une masse à peu près cylindrique (*corps vertébral*); 2° en arrière, un arc évidé (*anneau vertébral* ou arc neural) limitant une ouverture (*trou vertébral* ou rachidien). L'anneau vertébral porte latéralement deux proéminences osseuses symétriques (*apophyses transverses*) et en arrière une troisième impaire (*apophyse épineuse*) située dans le plan de symétrie du corps. Deux vertèbres consécutives s'appuient l'une sur l'autre et se correspondent, vers la base des apophyses transverses, tout près du corps vertébral, au moyen de quatre *facettes articulaires* en contact deux à deux. La juxtaposition des anneaux vertébraux donne naissance au *canal rachidien* qui renferme la moelle épinière, mais la continuité n'est pas parfaite : ces anneaux laissent, en effet, à droite et à gauche, entre deux vertèbres successives, un orifice (*trou de conjugaison*) par lequel s'échappe tout nerf ayant son origine dans la moelle spinale.

2° *Côtes.* — Les côtes sont des os pairs, plats, recourbés, attachés par une extrémité aux vertèbres dorsales et munis à l'autre extrémité d'un prolongement cartilagineux élastique. Leur nombre varie comme celui des vertèbres dorsales. Toutes offrent un type de construction uniforme : on y remarque une *partie moyenne* avec face externe convexe et face interne concave, bord antérieur concave et bord postérieur convexe ; enfin deux *extrémités* dont la supérieure présente une éminence (*tête*) séparée par une partie rétrécie (*col*) d'un léger renflement (*tubérosité*). Chaque côte s'articule, par sa tête et sa tubérosité, avec deux vertèbres dorsales consécutives : la tête se loge dans une cavité formée par la réunion de deux surfaces articulaires concaves placées sur les côtés des corps vertébraux ; la tubérosité, pourvue d'une facette articulaire presque plane, vient buter contre une surface articulaire de l'apophyse transverse de la vertèbre postérieure. — L'extrémité inférieure, renflée, est percée d'une cavité irrégulière qui reçoit le *cartilage costal* ou cartilage de prolongement. Celui-ci, qui représente la côte inférieure des oiseaux, forme au niveau de sa soudure avec la côte un angle plus ou moins ouvert ; il est, chez les animaux âgés, partiellement altéré par une sorte d'ossification spongieuse.

Les côtes se divisent en deux grandes catégories : les *côtes sternales* ou vraies côtes et les *côtes asternales* ou fausses côtes. Le tableau suivant indique leur répartition chez l'homme et les animaux domestiques (moitié latérale) :

ANIMAUX.	CÔTES VRAIES.	FAUSSES CÔTES.
Cheval	8	10
Bœuf	8	5
Mouton	8	5
Chèvre	8	5
Porc	7	7
Chien et chat	9	4
Homme	7	5

Les côtes sternales présentent à l'extrémité inférieure de leur cartilage costal un renflement articulaire qui sert de moyen d'union avec le sternum. Les côtes asternales prennent appui les unes sur les autres, la dernière sur l'avant-dernière, celle-ci sur sa précédente et ainsi de suite, par le bout de leur cartilage de prolongement. Chez l'homme, on distingue, parmi les cinq fausses côtes, deux côtes (*côtes flottantes*) beaucoup plus courtes que leurs similaires et qui n'arrivent pas à rejoindre le sternum.

3° *Sternum*. — Le sternum est une pièce ostéo-cartilagineuse impaire située en avant sur la ligne médiane de la poitrine. Il sert de soudure commune à l'extrémité inférieure des côtes en même temps qu'il offre une large surface d'insertion aux puissants muscles pectoraux. Sa forme est, chez nos animaux auxiliaires et le cheval en particulier, celle d'un canot dont la poupe serait pourvue d'un éperon recourbé en haut (*prolongement trachélien*) et la proue munie d'un gouvernail horizontal aplati de dessus en dessous à la façon d'une nageoire (*appendice xiphoïde* ou prolongement abdominal). Sur la carène sont plusieurs petites cavités costo-articulaires généralement au nombre de huit. — Chez l'homme, on compare souvent la forme du sternum à un sabre romain, à lame courte et large, dont la poignée serait en haut. Indépendamment des surfaces articulaires destinées aux côtes, on trouve sur son extrémité antérieure deux échancrures latérales (*fourchettes*) qui s'articulent avec les clavicules.

Constitution théorique du tronc. — Lorsqu'on examine de près la face externe du sternum, on y aperçoit des sillons transversaux, vestiges d'une segmentation. Si l'on rapproche ce fait de la segmentation de la colonne vertébrale et de la disposition des côtes, on voit que la région costo-thoracique du tronc peut être considérée comme formée d'une série de segments vertébraux.

On donne le nom de *segment vertébral* à la ceinture osseuse constituée par une vertèbre, la paire de côtes qui s'y articule, les cartilages de prolongement et la portion du sternum qui servent d'attache aux arcs costaux.

Cette constitution du tronc dans la région thoracique se retrouve, mais quelque peu modifiée, dans les diverses régions du squelette vertébral. L'anatomie et l'embryologie comparées démontrent que l'organisation squelettique, malgré la confusion des détails, est conforme à ce plan général.

B. Squelette de la tête. — Observant le squelette d'une tête de cheval placée dans une direction à peu près verticale, on voit un grand nombre d'os particuliers distincts les uns des autres. Ils sont, la plupart, étroitement engrenés par les denticulations de leurs bords.

Pour donner une idée exacte de la *configuration générale* de la tête, de cette grosse pyramide quadrangulaire, il faut décrire deux parties essentielles : le *crâne* et la *face*.

1° *Crâne.* — Le crâne, région supérieure de la tête, se compose de sept os plats dont cinq sont impairs : l'*occipital*, le *pariétal*, le *frontal*, le *sphénoïde*, l'*ethmoïde* ; un seul est pair, c'est le *temporal*. Ces os circonscrivent une cavité centrale (*boîte cranienne*) qui loge l'encéphale et communique en arrière avec le canal rachidien.

Le crâne présente deux diamètres : le diamètre longitudinal et le diamètre transversal ; celui-ci serait, dans certains crânes (mesurés par Sanson), supérieur au premier. Or, Toussaint, ayant pris des mesures directement dans la boîte cranienne de nombreuses races de chevaux, a toujours observé le contraire, à savoir que le diamètre antéro-postérieur ou longitudinal surpassait le diamètre transversal. Les mensurations craniométriques obtenues par Chauveau et Arloing (1) confirment les assertions précédentes : sur aucune de leurs observations, le diamètre transversal n'a seulement égalé le diamètre longitudinal.

Chez l'homme, Retzius a, le premier, distingué des *races brachycéphales* et des *races dolichocéphales*, c'est-à-dire des crânes relativement courts et des crânes relativement allongés. Se basant sur cette notion distinctive et sur le rapport des diamètres (*indice céphalique* de Broca), Sanson, dès 1867, a établi une classification spécifique des races de chevaux basée sur les dimensions craniennes. Cette classification, d'un intérêt incontestable au point de vue de l'enseignement zootechnique pratique, est scientifiquement arbitraire. Selon Chauveau et Arloing, « il n'y a pas de chevaux brachycéphales dans le sens rigoureux du mot, tel que l'a admis Sanson ».

2° *Face.* — La face, beaucoup plus étendue que le crâne chez la plupart des animaux domestiques, se compose de deux mâchoires qui servent à l'implantation des dents.

La *mâchoire supérieure* ou antérieure est formée de dix-neuf os larges, dont un seul, le *vomer*, est impair. Les os pairs sont : les *maxillaires supérieurs*, les *intermaxillaires*, les *palatins*, les *ptérygoïdiens*, les *zygomatiques*, les *lacrymaux*, les *os nasaux*, les *cornets supérieurs* et les *cornets inférieurs*.

La mâchoire inférieure a pour base un seul os, le *maxillaire inférieur*, qui s'articule avec les temporaux.

En arrière des mâchoires, suspendu à la base du crâne, mentionnons un petit appareil ostéo-cartilagineux dit *hyoïde*, qui sert de support à la langue ainsi qu'au pharynx.

Constitution théorique de la tête. — Nous avons vu déjà que la

(1) Chauveau et Arloing, *Traité d'anatomie comparée des animaux domestiques,* 5e édition.

région du tronc était constituée par une série de segments vertébraux, et que chaque vertèbre comprenait essentiellement un corps
auquel est fixé un anneau osseux. On a prétendu que cette *méta-
mérisation* se poursuit jusque dans la tête, qu'on retrouve là quelques vertèbres plus ou moins modifiées.

Geffroy Saint-Hilaire et Owen ont affirmé ce fait d'organisation :
la vertèbre est le type de construction des vertébrés. Le poète natu-
raliste Goethe s'est beaucoup occupé de la théorie vertébrale du
crâne, mais, parmi les meilleurs travaux publiés sur ce sujet, il
faut particulièrement signaler ceux de Lavocat. D'après cet anato-
miste-vétérinaire, dans les quatre classes de vertébrés la tête est
constamment formée de quatre vertèbres (*vertèbres céphaliques*).
Chacune d'elles est destinée à donner abri aux organes de quatre
sens : 1° la vertèbre *occipito-hyoïdienne* loge les organes principaux
de l'ouïe ; 2° la vertèbre *pariéto-maxillaire* contient le sens du goût ;
3° la vertèbre *fronto-mandibulaire* protège les organes de la vision ;
4° la vertèbre *naso-turbinale* renferme le sens de l'odorat.

Huxley et Gegenbaur admettent l'existence de la vertèbre occipi-
tale, la moins modifiée de toutes, puisqu'elle possède encore le trou
qui livre passage à la moelle spinale, mais il leur paraît impos-
sible de reconnaître la présence des autres.

Si la constitution vertébrale de la tête était un fait reconnu, il
faudrait admettre alors que la différenciation des pièces craniennes
est moins avancée dans les mammifères que dans les vertébrés
inférieurs. Mais deux objections sont soulevées par cette théorie :

1° Si la tête provient de vertèbres, il devrait exister, parmi les
vertébrés inférieurs, des animaux chez lesquels les vertèbres primitives de la tête seraient encore reconnaissables. Or, aucun poisson ne présente dans sa tête de pièces osseuses qui soient des vertèbres peu modifiées.

2° Si l'on considère que le développement du crâne se fait par
deux groupes de pièces osseuses (os de membrane et os de cartilage), on voit que celles qui constituent la « voûte », c'est-à-dire la
plus grande partie de la boîte cranienne, sont uniquement des *os
de membrane*, lesquels ne se développent pas de la même façon que
les vertèbres. Elles passent directement de l'état conjonctif à l'état
osseux, tandis que les vertèbres sont des *os de cartilage* qui passent
par les trois états muqueux, cartilagineux et osseux ; la « base »
seule du crâne dérive de l'état cartilagineux.

C. Squelette des membres. — Les membres sont au nombre de
quatre, deux supérieurs ou antérieurs et deux inférieurs ou postérieurs, ainsi désignés selon les attitudes ou aplombs normaux des
mammifères.

Ne pouvant faire sans illustrations nombreuses l'étude descriptive de chacun des os du squelette, nous nous limitons à énumérer,

de haut en bas, les noms des *régions ostéologiques* qui constituent les membres :

1° *Membre antérieur.* — On distingue : le *scapulum*, l'*humérus*, le *radius* et le *cubitus*, le *carpe* (région formée supérieurement par les os : scaphoïde, semi-lunaire, pyramidal, pisiforme ; et inférieurement par les os : trapèze, trapézoïde, capitatum, unciforme), le *métacarpe* (région formée du métacarpien principal avec deux métacarpiens rudimentaires), la *phalange* (région composée des doigts en nombre variable selon les espèces).

Chez l'homme, il existe en avant de l'épaule un os légèrement courbé en forme de S appelé *clavicule*. Les clavicules sont des os de membrane qui ont pour effet de maintenir les deux épaules écartées l'une de l'autre.

2° *Membre postérieur.* — Les os du membre postérieur se décomposent en : *os iliaque* ou coxal (région constituée par trois parties soudées : ilium, pubis, ischium), *fémur, rotule, tibia* et *péroné*, le *tarse* (région disposée sur deux rangées dont la supérieure comprend l'astragale et le calcanéum et dont l'inférieure renferme les os : cuboïde, scaphoïde, grand cunéiforme, petit cunéiforme), le *métatarse* (région de trois os métatarsiens, un médian et deux latéraux), la *phalange* (région digitée analogue à celle du membre antérieur).

Dans l'énumération précédente, nous ajouterons tout d'abord un petit os circulaire, un peu bombé (*rotule*) dont le développement est très tardif ; ensuite, dans la région phalangienne, de petits os courts (*os sésamoïdes*) situés en arrière.

La région phalangienne se compose d'un nombre variable de doigts dont chacun comprend trois phalanges (phalange, phalangine, phalangette) qui ont entre elles une grande analogie de conformation.

Comparaison des membres. — Les membres sont construits sur le même plan ; ils sont homologues ou formés de parties qui se correspondent. L'homologie peut être mise en évidence dans le tableau suivant :

Membre antérieur.		Membre supérieur.	
Épaule	Scapulum (clavicule).	Ilium.......... Pubis.......... Ischium.......	*Hanche.*
Bras	Humérus............	Fémur (rotule).	*Cuisse.*
Avant-bras ..	Cubitus............ Radius............	Péroné........ Tibia..........	*Jambe.*
Main	Carpe............. Métacarpe.......... Phalange...........	Tarse.......... Métatarse...... Phalange......	*Pied.*

b. — SYSTÈME ARTICULAIRE.

Pour constituer une articulation, les os s'opposent l'un à l'autre par des parties correspondantes (*surfaces articulaires*) souvent séparées entre elles par une substance cartilagineuse ou fibro-cartilagineuse.

Au point de vue mécanique, les articulations sont les centres de rotation des leviers formés par les os.

L'étude spéciale des jointures articulaires (arthrologie) permet d'en distinguer trois catégories principales : 1° articulations très mobiles ou *diarthroses*; 2° articulations mixtes, peu mobiles ou *amphiarthroses*; 3° articulations immobiles, parfois temporairement mobiles, ou *synarthroses*. Dans les premières les surfaces opposées peuvent glisser avec la plus grande facilité, tandis que dans les synarthroses, où les surfaces articulaires sont anfractueuses, les mouvements sont très limités. Dans les amphiarthroses, la mobilité, quoique réduite, s'effectue à la manière d'une bascule, car leurs surfaces de contact, généralement rugueuses, sont unies par un fibro-cartilage élastique.

Ce sont incontestablement les diarthroses qui transmettent le mieux les manifestations énergétiques et, pour ces raisons, doivent attirer spécialement notre attention.

La diarthrose présente des *surfaces articulaires* placées soit à l'extrémité des os longs, soit sur les faces des os courts, soit encore sur les angles des os larges ; elles sont souvent creusées d'une ou plusieurs fossettes destinées tantôt à l'insertion de ligaments inter-osseux, tantôt à la réception du liquide sécrété par la séreuse cavitaire. Pourvue d'une couche cartilagineuse (*cartilage d'encroûtement*), la diarthrose est parfaitement aménagée pour la fonction qui lui est assignée.

Le cartilage empêche l'usure et la déformation des surfaces; il amortit, par son élasticité, les réactions ou secousses violentes auxquelles sont exposées les jointures. La diarthrose possède encore des *ligaments* qui maintiennent les os en contact et des membranes séreuses (*capsules synoviales*) dont la sécrétion interne (*synovie*) facilite le jeu des surfaces mobiles. Chez certaines diarthroses dont la coaptation ne se fait réciproquement que de manière incomplète, on trouve des *fibro-cartilages complémentaires* ou ménisques diarthrodiaux.

D'après les frères WEBER, ce serait la pression atmosphérique qui maintiendrait les surfaces articulaires en contact, accolées l'une contre l'autre par l'effet du vide. Il n'est pas besoin de faire intervenir la pression atmosphérique pour expliquer une action aussi simple. D'abord, le vide qui tendrait à se produire serait comblé par les gaz dissous dans la synovie. Les actions moléculaires d'adhésion sont uniquement la cause du maintien des têtes osseuses dans les cavités qui les reçoivent.

Les *mouvements articulaires* peuvent se grouper sous trois formes géométriques : le plan, le cylindre et la sphère, et selon leur nature on distingue des mouvements de : glissement, flexion, extension, abduction, adduction, circumduction, rotation. Les surfaces dérivées du plan ne permettent que des mouvements de glissement. Les articulations dérivant du cylindre sont très importantes; elles sont constituées par deux cylindres dont l'un est plein et forme l'os mobile, l'autre creux, tous deux ayant même axe et même rayon. Ces articulations ou *trochlées* peuvent produire des mouvements de flexion ou d'extension. Quant aux articulations qui dépendent de la sphère, ce sont les plus parfaites, celles dont l'amplitude est très étendue et les mouvements des plus variés.

Lorsqu'une articulation se meut, il est absolument nécessaire que le contact des surfaces reste assuré et que le volume de l'articulation n'augmente pas. S'il y a écartement anormal ou augmentation de volume, l'articulation ne fonctionnant que de façon imparfaite, il peut se produire une luxation.

Particularités ostéologiques. — L'inspecteur des viandes a parfois à vaincre de sérieuses difficultés lorsqu'il effectue sa visite à travers l'étal des marchés. Il lui faut, par exemple, déterminer l'origine de certains morceaux de viande, se baser sur les différences ostéologiques et arthrologiques et reconnaître, en certains cas, l'animal qui a fourni ces morceaux. Indépendamment des caractères différentiels d'ensemble que nous signalerons plus loin, nous nous bornerons actuellement à l'énumération des principaux *signes osseux comparatifs* tirés de l'anatomie descriptive des membres.

Cheval.	**Bœuf.**

A. — Épaule. Bras. Avant-bras.

Omoplate. — Face externe divisée par une crête (épine acromienne) proéminente, atténuée insensiblement à ses deux extrémités; elle partage la superficie en deux fosses dont la postérieure est du double plus large que l'antérieure.	*Omoplate.* — Épine acromienne saillante, terminée par une arête brusque, prolongée en pointe, située bien au-dessus de la surface articulaire; elle laisse derrière elle une fosse rugueuse trois fois plus large que la précédente.
Humérus. — Face externe creusée d'une large gouttière (gouttière de torsion) limitée, vers le tiers supérieur de l'os, par une volumineuse tubérosité (empreinte deltoïdienne) légèrement aplatie, renversée sur la gouttière. Extrémité supérieure pourvue d'une éminence articulaire très peu détachée, mise en arrière (tête), et	*Humérus.* — Gouttière de torsion moins profonde. — Empreinte deltoïdienne moins accusée. — Extrémités très renflées et plus recourbées. — Tête mieux détachée. — Trochiter énorme. — Coulisse bicipitale sans relief médian. — Trochlées plus profondes.

d'une saillie non articulaire, peu développée, placée du côté externe (trochiter). Celle-ci est séparée en avant d'une éminence interne plus petite que le passage de glissement du biceps tendineux (coulisse bicipitale) formé lui-même de deux gorges séparées par un relief médian. Extrémité inférieure composée de deux trochlées unies par un relief antéro-postérieur.

Radius et cubitus. — Intérieur du canal médullaire garni de fines cloisons osseuses.

Cubitus relié au radius par un ligament ossificateur au-dessus duquel est une large coulisse (arcade radio-cubitale). Son extrémité amincie se termine vers le quart inférieur du radius par une pointe aiguë, parfois par un bouton.

Radius et cubitus. — Intérieur du canal radial presque uniforme.

Cubitus plus gros, muni d'un ligament interosseux complètement ossifié. — Il existe deux arcades, une supérieure, une inférieure, réunies en dehors par une scissure profonde. L'extrémité inférieure, très prolongée, concourt à la formation de la surface diarthrodiale carpienne.

B. — HANCHE. CUISSE. JAMBE.

Bassin. — L'articulation des deux coxaux au niveau du plan inférieur (symphyse ischio-pubienne) affecte, sur une section médiane, la forme quasi droite. Les cavités articulaires (cavité cotyloïde), amplement échancrées du côté interne, sont circonscrites par un sourcil très saillant.

Fémur. — En dehors de l'extrémité supérieure se trouve une grande éminence (trochanter) au-dessous de laquelle est une tubérosité rugueuse, recourbée (crête sous-trochantérienne). A l'extrémité inférieure, une large poulie (trochlée) sur laquelle se meut la rotule et dont la lèvre interne est proéminente.

Tibia et péroné. — La surface articulaire inférieure du tibia est constituée par deux gorges profondes, obliques d'arrière en avant et de dedans en dehors, séparées l'une de l'autre par un tenon médian qui proémine en arrière.

La tête du péroné, aplatie d'un côté à l'autre, présente une facette interne diarthrodiale. L'extrémité inférieure se termine en pointe mousse.

Bassin. — La section pelvienne est nettement incurvée. De plus, la face inférieure de la symphyse présente au milieu une protubérance bien apparente. Le sourcil de la cavité cotyloïde offre trois échancrures caractéristiques.

Fémur. — Trochanter moins distinct. — Pas de crête sous-trochantérienne. — Trochlée étroite bordée par une lèvre interne plus étendue et plus haute que la lèvre externe.

Tibia et péroné. — La surface articulaire inférieure du tibia est taillée obliquement de haut en bas et de dehors en dedans. L'extrémité antérieure du tenon médian fait saillie.

Péroné, assez réduit, formé par l'ossification d'un cordon fibreux. Son extrémité inférieure s'articule avec le tibia, l'astragale et le calcanéum.

Chien.

A. — ÉPAULE. BRAS. AVANT-BRAS.

Omoplate. — Bord antérieur excessivement convexe. Pas de cartilage de prolongement à son bord supérieur. Fosses externes égales. Épine prolongée d'un pédicule qui atteint le niveau de la cavité articulaire. Présence d'une écaille osseuse, sorte de clavicule rudimentaire.

Humérus. — Os essentiellement tordu et très allongé. A l'extrémité inférieure sont deux fosses qui communiquent par un trou.

Radius et cubitus. — Les deux os sont presque égaux en volume et légèrement croisés l'un sur l'autre.

Mouton.

Omoplate. — Bord antérieur presque rectiligne et aminci. Présence du cartilage de prolongement. Fosses inégales dans le rapport de 1 à 3. Épine terminée par un acromion simplifié. — Pas d'os claviculaire.

Humérus. — Os moins courbé, mais à extrémités plus renflées. Pas de communication entre les fosses.

Radius et cubitus. — Volume inégal et direction quasi parallèle des os.

B. — HANCHE. CUISSE. JAMBE.

Bassin. — Diamètre transversal plus grand en arrière qu'en avant.

Fémur. — Os allongé et incurvé en arc. Trochanter moins élevé que la tête articulaire, elle-même très détachée.

Tibia et péroné. — Le premier mince et long. Le second uni à celui-ci par deux surfaces articulaires et un ligament interosseux.

Bassin. — L'écartement des coxaux n'est guère plus grand en avant qu'en arrière.

Fémur. — Os à peine incurvé, seulement en arrière. Trochanter abaissé presque au niveau de la tête, elle-même moins détachée.

Tibia et péroné. — Le premier proportionnellement plus long et plus gros. Le second souvent à peine ossifié.

Chat.

A. — ÉPAULE. BRAS. AVANT-BRAS.

Omoplate. — Bord antérieur régulièrement convexe. Pas de cartilage de prolongement. Bord supérieur oblique d'arrière en avant. Fosses externes égales. Épine verticale, suivie d'un pédicule acromien, jusqu'au niveau du segment articulaire. — Présence d'un stylet claviculaire joint au sternum et à l'acromion par deux cordons fibreux.

Humérus. — Diaphyse cylindrique tordue beaucoup sur elle-même. Épiphyses assez volumineuses : sur le côté interne de l'épiphyse inférieure se voit une perforation disposée en arcade.

Lapin.

Omoplate. — Forme d'un triangle isocèle à sommet dilaté cupuliforme. Présence du cartilage inséré sur une ligne quasi horizontale. Fosses externes très inégales, la postérieure deux fois plus spacieuse. Épine oblique, avec acromion grêle, bien moins prolongée. — Clavicule longue, n'ayant aucun contact direct avec le sternum et l'omoplate.

Humérus. — Diaphyse cylindroïde comprimée d'un côté à l'autre. Épiphyses moins détachées : ni trou, ni fente à l'extrémité inférieure.

Radius et cubitus. — Direction des deux os à peu près droite. Aucune soudure le long de leur diaphyse. — Bord postérieur de la tête cubitale (olécrâne) un peu concave : bord antérieur pourvu en bas d'une petite surface articulaire (concavité sigmoïde).

Radius et cubitus. — Incurvation des deux os dans le sens de la longueur. Union intime des diaphyses. — Bord postérieur de l'olécrâne presque vertical ; bord antérieur olécranien muni en bas d'une grande échancrure assez profonde (cavité sigmoïde) analogue à celle de l'homme.

B. — HANCHE. CUISSE. JAMBE.

Bassin. — Diamètre transverse plus ample en arrière qu'en avant. Crête saillante vers la partie inférieure de la symphyse ischio-pubienne. Bord postérieur de l'ischium nettement convexe.
Fémur. — Droit et relativement allongé. Diaphyse arrondie. Trochantin très développé et rugueux. Pas de crête sous-trochantérienne.
Tibia et péroné. — Os de même longueur, grêles et libres.

Bassin. — Horizontal et très allongé. — Crête très atténuée vers la partie antérieure de la symphyse pubienne. — Bord postérieur de l'ischium dévié en dedans et concave.
Fémur. — Incurvé vers la partie inférieure et en dedans. Diaphyse légèrement aplatie. Trochantin peu apparent. Crête sous-trochantérienne très développée.
Tibia et péroné. — Péroné soudé au tibia dans sa moitié inférieure.

Particularités arthrologiques. — Toutes les articulations des membres offrent des particularités différentielles dont l'étude n'offre qu'un intérêt secondaire pour la visite sanitaire des viandes. Cependant, si l'on considère les articulations *carpo-métacarpienne* et *tarso-métatarsienne*, généralement libérées par le boucher après l'abatage, on découvre divers caractères relatifs au coloris et à la configuration des surfaces diarthrodiales.

Les surfaces articulaires inférieures de la seconde rangée carpienne et celles de la troisième rangée tarsienne sont planes ou légèrement ondulées chez le cheval et les ruminants, tandis que chez le chien elles sont anfractueuses ou creusées de fossettes. Sous le rapport du coloris, les surfaces articulaires sont d'un rose foncé chez le cheval, d'un bleu plombé chez le poulain, d'un blanc rosé chez le bœuf et la vache, d'un bleu plombé chez le veau et l'agneau. Elles ont une teinte d'un blanc mat chez le mouton et légèrement bleuâtre chez le porc.

Comme indication complémentaire pouvant servir à la diagnose des morceaux de viande issus de l'encolure, nous mentionnerons encore les caractères d'un vaste ligament fibro-élastique et lamelleux qui sépare les muscles supérieurs de la région cervicale en côté droit et côté gauche. Ce *ligament cervical*, formé de tissu fibreux jaune, est triangulaire chez le cheval, tandis que chez le bœuf il est irrégulier, plus développé et découpé inférieurement en quatre dentelures bien distinctes. Très marqué chez le mouton, le ligament cervical est réduit, chez le porc, à un raphé fibreux qui est à peine appréciable chez le chien.

c. — SYSTÈME NERVEUX.

Les muscles, organes moteurs actifs, sont des puissances chargées de mouvoir les leviers osseux et leurs articulations. Ils sont contractiles, réagissent contre toute excitation capable de stimuler leurs facultés intrinsèques. Ils sont encore, comme la plupart des tissus, doués d'élasticité ; cette propriété physique intervient, après la contraction, pour rendre aux organes leur forme primitive.

Tous les muscles peuvent se contracter ; tout élément musculaire est donc contractile. Mais la proposition inverse : tout ce qui est contractile est musculaire, serait une inexactitude.

On sait que, chez les animaux inférieurs, des éléments contractiles ne sont en aucune façon modifiés en éléments musculaires. Les cils vibratiles qui, par une série d'oscillations, font progresser les protozoaires dans les milieux liquides, sont évidemment des organes du mouvement, mais aucune de leurs parties n'est différenciée et l'on ne saurait découvrir la moindre parcelle visible de nature musculeuse. Divers auteurs ont cependant fait remarquer que cette rapidité des oscillations ciliaires est toujours liée à une disposition fibrillée des tissus. Il importe de noter aussi que la vitesse du mouvement est, en ce cas, sous l'influence de la chaleur et non pas seulement sous les conditions de structure histologique.

L'action de la chaleur se précise cependant beaucoup mieux sur les muscles des animaux supérieurs. Quelle que soit leur constitution anatomique, les muscles sont composés de fibres ou de cellules plus ou moins allongées dont la disposition est nécessairement adaptée à leur fonctionnement. Leur architecture correspond le plus convenablement possible aux besoins de la locomotion ; elle s'harmonise toujours en vue de satisfaire les intérêts de l'organisme. L'adaptation du muscle à sa fonction donne à l'animal les moyens indispensables pour rechercher sa nourriture, assurer dès lors sa conservation.

GÉNÉRALITÉS. — La *masse totale* des muscles représente en moyenne la moitié du poids total du corps.

Sous le rapport de leur *forme*, les muscles sont distingués en muscles longs et muscles larges. Les premiers se rencontrent surtout dans les membres, les seconds s'étalent sous la peau ou autour des grandes cavités du tronc dont ils séparent l'une de l'autre.

Examinés sous le rapport de leur *direction* comparée à celle des leviers osseux, on reconnaît que les muscles peuvent être parallèles à ces leviers ou former avec eux des angles plus ou moins ouverts.

Sous le rapport des *insertions*, il faut considérer une partie fixe (*origine*), qui reste presque immuable pendant la contraction, et une partie mobile (*terminaison*), qui répond au levier déplacé durant l'acte locomoteur. Souvent les deux insertions sont alternativement ou fixes ou mobiles, selon la nature du mouvement.

Les muscles s'attachent quelquefois directement sur les os par leurs fibres charnues; mais, le plus souvent, ils se fixent sur ces leviers rigides par l'intermédiaire d'un *tendon* ou d'une *aponévrose*, c'est-à-dire d'un tissu nacré, résistant, fibro-élastique.

Sous le rapport de leur *situation*, les muscles sont généralement pairs et symétriques avec le plan médian du corps. Quelques-uns sont impairs : tel est le diaphragme qui divise les cavités thoracique et abdominale et concourt à leur fermeture. Leur situation par rapport aux organes environnants, tels que os, vaisseaux et nerfs, est importante à connaître ; elle permet à l'opérateur de se guider, avec sûreté, pour découvrir les organes profonds sans altérer les tissus du voisinage.

Structure. — Jusqu'à ces dernières années, sous l'influence des idées de Bichat, on avait classé les muscles en *muscles de la vie de relation* ou soumis à la volonté, et *muscles de la vie organique* ou soustraits à l'empire de la volonté. En même temps, on considérait les premiers, de coloration rouge, comme équivalant aux muscles striés et les seconds, de coloration pâle, comme analogues aux organes lisses, parce que, chez la plupart des vertébrés, il en est généralement ainsi. Il avait fallu isoler, cependant, de ce groupe, le cœur, qui est un muscle strié, mais n'est pas soumis aux ordres volontaires.

Aujourd'hui, l'histologie comparée nous enseigne que, chez les animaux, les muscles ayant des fonctions analogues peuvent être indistinctement striés ou non. Chez les mollusques, où ils sont lisses, il est exceptionnel d'observer la fibre striée ; par contre, chez les arthropodes, où les muscles striés existent communément, il est très rare de constater la fibre lisse. Chez quelques poissons, comme la tanche, on rencontre un muscle intestinal pourvu à la fois de fibres lisses et striées. D'autre part, Eimer a montré qu'un même muscle peut être tantôt strié, tantôt lisse ; il attribue ce fait à l'état d'activité et d'inactivité relatives de l'organe. En vérité, il y a entre l'état de striation parfaite ou de non-striation des fibres musculaires des phases mixtes dont on ne tient pas suffisamment compte. Certaines de ces phases ont un caractère permanent ; elles se traduisent par la présence de petites striations imparfaites ; ce sont ces états intermédiaires, peu connus jusqu'alors, qui constituent ce que Vosseler nomme *muscles imparfaitement striés*.

Nous indiquerons les caractères des divers éléments anatomiques qui forment les fibres musculaires :

1° Muscles lisses. — Un premier exemple d'organe musculaire lisse nous a été déjà fourni, dès le début de nos considérations, par un polype (hydre d'eau douce) dont la paroi du corps se compose d'une couche de *cellules neuro-musculaires*, véritables fibrilles réduites. Chez le *Sagartia parasitica*, on trouve dans les tentacules des *cellules épithélio-musculaires* surmontées d'un cil vibratile. Chez l'*Anthea cereus*, le plateau de la bouche possède des cellules musculaires dont la longueur est si grande qu'on leur accorde le nom de *fibres*.

Ce sont vraisemblablement les mollusques et les vertébrés qui présentent la forme typique des *fibres-cellules contractiles* ou fibres musculaires lisses.

Les fibres lisses, découvertes en 1848 par Kölliker, ressemblent à de très délicats fuseaux unis les uns aux autres par une substance agglutinante, conjonctive mais très résistante. Leur noyau est volumineux, beaucoup plus long que large, souvent serti d'un anneau de protoplasme incolore, légèrement granuleux vers ses extrémités. La substance propre, contractile, formée de fibrilles périphériques, offre le plus souvent une striation longitudinale qui peut devenir perceptible après l'action de l'acide azotique ou de solutions chromiques ; quelquefois, elle parait uniformément homogène et, en certaines circonstances, elle a les apparences d'une striation oblique et même spiralée.

2° Muscles imparfaitement striés. — Les muscles imparfaitement striés sont constitués par des fibres-cellules dont la substance contractile, toujours peu homogène, présente une striation apparente, en quelque sorte diffuse, soit dans le sens longitudinal, soit dans le sens transversal, rarement dans deux directions à la fois. On les rencontre surtout, à l'état de cellules, dans le cœur de beaucoup d'insectes, et, à l'état de fibres, dans les organes reproducteurs de quelques invertébrés, ainsi que dans les tissus du tronc des araignées. Ces muscles de striation incomplète n'ont pas été signalés, que nous sachions, chez l'homme et les mammifères en général.

3° Muscles striés. — Un muscle strié se présente sous les formes les plus variables. Tantôt l'élément musculaire est une cellule ; tantôt c'est une fibre. Dans le cœur des vertébrés, ce sont des cellules pourvues d'un ou deux noyaux qui, en se disposant en file, constituent les fibres cardiaques, ainsi que l'a montré Weissmann. Les fibres musculaires du cœur sont anastomosées entre elles et forment plusieurs plans ; leurs cellules constitutives, à peu près cylindriques, s'unissent les unes aux autres par leurs bases qui sont excavées. Au niveau de leur soudure on constate, surtout après épreuve du nitrate d'argent, des stries transversales et latérales formant une espèce d'échelle. Chez beaucoup d'animaux domestiques (mouton surtout), on rencontre sous l'endocarde, à l'union de la séreuse et du myocarde, des fibres lisses qui semblent loger dans un réseau de fibres striées; ce sont les *fibres de Purkinje* ou fibres cardiaques embryonnaires, bien étudiées par MARCEAU.

La fibre musculaire striée, celle de la locomotion ou de la vie animale, a une charpente conjonctive très développée. Lorsqu'on sépare avec une fourchette un morceau de bœuf bouilli (*puchero chileno*), on voit que cette chair est formée de filaments parallèles, entre lesquels sont intercalés de petites membranes de tissu conjonctif. Si l'on se sert d'aiguilles, on peut subdiviser chacun de ses filaments en un certain nombre de petites *fibrilles élémentaires* ; ces fibrilles se réunissent pour former des faisceaux que LEYDIG nomme *cylindres primitifs*. La réunion de ces cylindres constitue les *faisceaux primitifs*. Sur une coupe transversale du muscle, vue au microscope, le faisceau primitif est décomposé en une série de polygones, groupés comme des pavés (*champs de Cohnheim*); ils correspondent à la section des cylindres primitifs.

Les faisceaux primitifs s'engrènent ensemble pour former des *faisceaux secondaires* qui, par leur juxtaposition et la cohésion de leur coque conjonctive, se groupent à leur tour en faisceaux tertiaires, enveloppés, eux aussi, d'une couche conjonctive. Nous croyons que le tissu conjonctif des muscles est une poche, vaste cavité lymphoïde, dans laquelle sont plongés les éléments contractiles, en quelque sorte leur *carrefour plasmatique*. Grâce à une technique appropriée, l'architecture du muscle strié peut se montrer dans ses détails. On peut, par exemple, colorer par le picrocarmin ou, mieux, fixer un fragment de muscle par l'acide picrique durant vingt-quatre heures et le placer ensuite durant deux jours dans l'eau distillée à 70°. On isole ainsi les fibrilles par une simple dissociation et l'on examine les caractères d'un faisceau primitif. Celui-ci comprend trois parties : le sarcolemme, le sarcoplasma et les noyaux musculaires.

Le *sarcolemme* n'est autre chose qu'une membrane transparente conjonctive, placée à la périphérie du faisceau primitif.

Le *sarcoplasma*, ainsi désigné par ROLLET, est la substance contractile intérieure ; elle présente une striation transversale, la plus évidente, et une striation longitudinale beaucoup moins visible. Les stries transversales sont dues à la présence de disques (*disques de Bowmann*) alternativement colorés et non colorés ; ils sont bien perceptibles après l'emploi d'hématoxyline. Sans aucune coloration, ils apparaissent alternativement clairs et gris (*disques clairs* et *disques sombres*). Tandis que le disque clair est partagé en deux moitiés par une ligne très fine (*disque mince*), le disque sombre est lui-même divisé en son milieu par une strie claire (*strie intermédiaire*).

Quant à la striation longitudinale, elle provient de la juxtaposition de *fibrilles* placées dans le faisceau primitif. Chacune de ces fibrilles est striée transversalement. Les *noyaux musculaires*, généralement aplatis, occupent une position variable. Tantôt ils sont localisés immédiatement sous le sarcolemme, entre lui et le sarcoplasma ; tantôt ils sont répandus dans l'épaisseur des faisceaux primitifs dans un ordre régulier.

Contraction. — Sous certaines influences, le muscle se contracte. Sa contraction consiste en une diminution de longueur avec augmentation de la section transversale sans changement appréciable du volume.

L'excitant naturel est l'influx central nerveux transmis par les nerfs moteurs, mais on peut, par l'expérimentation, provoquer la contractilité au moyen des excitants artificiels dont les plus faciles à manier sont les courants électriques.

On démontre l'*invariabilité du volume* du muscle en contraction par l'ancienne méthode du flacon de Barzelotti (1776). Les membres postérieurs d'une grenouille sont placés au sein d'eau salée à 7 p. 1000 ou d'un sérum artificiel, puis soumis à l'action de courants induits : le niveau du liquide ne subit aucune variation. D'autre part, sur des muscles suspendus à une balance hydrostatique, Valentin n'a constaté durant leur contraction qu'une diminution de densité de $\frac{1}{1300}$, c'est-à-dire insignifiante.

Au moment de la contraction, le muscle développe une *force* considérable. Les marins affirment que certains mollusques, tels que les grands bénitiers (*Triducna gigas*), peuvent, en fermant leurs valves, couper les câbles de navire.

Si l'on peut mesurer l'effort développé par un animal par le poids que celui-ci peut traîner, on arrive à conclure que les insectes ont une force musculaire plus grande que les vertébrés. Dans un travail de Plateau, on lit que le hanneton peut charrier un poids égal à quatorze fois celui de son corps, l'abeille un poids vingt-trois fois plus lourd qu'elle.

Durkeim a vu un insecte déplacer une masse pesant quarante fois plus que le poids de son corps. Carvallo et Weiss ont observé un muscle de jambe de la grenouille ne pesant que $0^{gr},7$ qui soulevait 3500 grammes. Il y a, entre les auteurs, de grands désaccords dans les chiffres qui expriment la force musculaire. Tandis que Weber trouve que le muscle de l'homme peut exercer un effort de 1000 grammes par centimètre carré, Rosenthal l'évalue à 3000 grammes.

Si l'on désigne par F cet effort maximum et par S la section du muscle, le quotient $\frac{S}{F}$ est ce qu'on appelle la *force spécifique* du muscle. Selon HAUGHTON, la force spécifique est égale, chez l'homme, à 4 000 grammes environ. Voici quelques chiffres moyens donnés par PLATEAU :

Homme.............................	7 902 grammes.
Huître.............................	4 545 —
Grenouille.........................	2 000 —
Crabe.............................	1 008 —

Lorsque le muscle se contracte, on peut se demander si l'effet de cette contractilité est propre au tissu musculaire ou si elle n'est point due au système nerveux. *La contractilité est l'apanage du muscle*, sa propriété fondamentale. Tout muscle est directement excitable. Quoique le faisceau musculaire soit en relation avec le nerf qui le pénètre, coupons le nerf : nous restituons ainsi au muscle toute son autonomie. Le nerf moteur sectionné perd au bout de trois jours ses propriétés : son excitation ne détermine aucune manifestation, mais, si elle agit directement sur e muscle, celui-ci se contracte (LONGET). Si, intentionnellement, on curarise un muscle, on supprime encore l'intervention du nerf ; on arrête l'excitation motrice au niveau des plaques terminales nerveuses (CL. BERNARD).

La contractilité a constamment lieu ; elle est dans le muscle en état permanent. Même au repos, l'organe est toujours en contraction, dans un état de tension minima. Cette condition présente, constituant le *tonus musculaire*, est placée sous la dépendance du système nerveux. Pour démonstration du fait, il suffit, sur un animal vivant, de libérer un muscle de ses attaches par une simple section; on voit alors les deux extrémités se rétracter. — Le tonus est un acte musculaire réflexe; il disparaît lorsqu'on coupe les racines postérieures sensitivo-nerveuses de la région lombaire dans les muscles innervés par les ramifications correspondantes (DE CYON).

Pour étudier la contraction, il faut mettre les muscles en activité.

On isole les organes et l'on fait agir le courant électrique sur le nerf qui anime le muscle, plutôt que sur l'organe lui-même.

On appelle *secousse* le mode de contraction produit dans un muscle par une excitation unique, instantanée. Le *tétanos* est l'état de contraction développé par une série d'excitations simples et rythmiques. La secousse affecte une forme très fugitive; le tétanos est, au contraire, une contraction durable.

Il est évident que les excitations obtenues par l'ouverture ou la fermeture d'un courant sont en elles-mêmes complexes, mais les

organes réactionnels impressionnés accusent, par leur raccourcissement et leur gonflement, les deux formes caractéristiques de la
contraction. Les myographes et cardiographes, instruments d'application de la méthode exploratrice, permettent d'inscrire toutes les
phases principales du mouvement des muscles.

a. CARACTÈRES DE LA SECOUSSE. — Entre le moment où se produit
la secousse et celui de l'excitation, il s'écoule un faible intervalle
connu sous le nom de *période d'excitation latente* ou temps perdu.
Si, durant ce temps, on ne note aucun phénomène apparent, il
s'effectue néanmoins un travail sourd dans le muscle; il se dégage
probablement alors l'énergie chimique qui servira à la contraction.
Cette période dure en moyenne un centième de seconde dans les
muscles striés. Elle est plus longue dans les muscles rouges que dans
les muscles pâles (RANVIER) (1); elle augmente sous l'influence du
froid et diminue, au contraire, sous l'influence de la chaleur.

L'étude de la courbe myographique ou myogramme laisse apparaître deux phases dans la secousse : une phase d'*énergie croissante*,
qui correspond au raccourcissement du muscle, et une phase
d'*énergie décroissante*, qui dénonce le relâchement du moteur. Ces
deux périodes ont en général une durée à peu près égale, soit cinq
centièmes de seconde ; cependant la ligne de descente est généralement plus longue que la ligne d'ascension, souvent quatre fois
plus que la première.

Toutes les conditions stimulantes (exercice modéré) augmentent
l'amplitude et diminuent la durée de la courbe. Toutes les condition dépressives (fatigue, froid) diminuent l'amplitude et augmentent la durée.

b. CARACTÈRES DU TÉTANOS. — Pour mettre le muscle en état de
tétanos, il faut l'exciter très vivement. Ce sont des excitations
électriques, simples mais sériées, qui déterminent ce mode de
contraction.

Le tétanos se produit, à un degré variable, d'une manière
brusque, dans le mouvement volontaire ou virtuellement spon
tané de l'animal. La contraction physiologique est le résultat de
vibration de secousses élémentaires, fusionnées, graduées par une
volonté consciente.

Pour l'analyse des graphiques, rappelons qu'au début de la
secousse on trouve le phénomène de l'excitation latente; celui-ci
acquiert dans le tétanos une certaine importance. Si le nombre
des excitations est juste suffisant, le plateau de la courbe est une
ligne droite (*tétanos parfait*). Si le rythme des excitations n'est pas
assez fréquent, le plateau montre une série d'ondulations égales
dues à la fusion incomplète des secousses correspondantes (*tétanos*

(1) RANVIER, *Leçons d'anatomie générale* faites au Collège de France. Paris, librairie
J.-B. Baillière

imparfait). La condition pour que les secousses soient fusionnées est qu'elles cheminent les unes sur les autres, que chaque secousse soit surprise par celle qui la suit, que la secousse d'énergie croissante rencontre celle d'énergie décroissante. On réalise expérimentalement leur fusion progressive par des excitations graduelles dosées de manière à laisser les secousses plus ou moins distinctes.

Le nombre des excitations nécessaires pour obtenir le tétanos dépend naturellement de toutes les conditions qui modifient la durée de la secousse. Si celle-ci est de un dixième de seconde, il faudra plus de dix excitations par seconde pour provoquer leur régulière fusion.

L'espèce a une influence très grande sur le nombre des excitations. Chaque secousse a peut-être une valeur spécifique chez les divers animaux. Nous empruntons à RICHET les valeurs moyennes suivantes :

Oiseaux................	100 excitations par seconde.
Homme................	40 —
Grenouille	30 —
Tortue................	3 —

c. CARACTÈRES DE LA SYSTOLE CARDIAQUE. — Le cœur étant un muscle, il est intéressant de savoir si sa contraction est une secousse ou un tétanos. Formé de fibres striées relativement réduites, dépourvues de sarcolemme, mais anastomosées en un ample réseau, le cœur est essentiellement un appareil neuro-musculaire complexe doué cependant d'une certaine autonomie. Bien que placé sous l'influence régulatrice du système nerveux central, le muscle cardiaque possède en lui-même les éléments qui suffisent à son fonctionnement, c'est-à-dire à ses contractions. La source de cet automatisme réside dans l'existence, en certains points de l'organe, de neurones dissimulés sous l'aspect de ganglions nerveux (*ganglions cardiaques*), sorte de freins qui entretiennent en partie le rythme, c'est-à-dire la succession régulière et alternante des systoles et diastoles. On n'est pas encore bien fixé sur l'organisation histologique de l'appareil ganglionnaire intracardiaque des mammifères, mais, chez la grenouille, la question a été très étudiée. Dans le cœur de ce batracien, on distingue sous l'endocarde, sur le trajet des nerfs, trois ganglions : 1° le *ganglion de Remak*, jeté au niveau du sinus veineux, près de l'oreillette droite, à l'embouchure des veines caves; 2° le *ganglion de Ludwig*, situé dans la mince cloison interauriculaire ; 3° le *ganglion de Bidder*, qui occupe la partie supérieure du ventricule unique et la cloison auriculo-ventriculaire.

On admet, depuis les expériences de STANNIUS (1852), que l'action excito-motrice des ganglions est atténuée pour certain d'entre eux par une action frénatrice. Les ganglions de Remak et de Ludwig, qui contiennent des cellules nombreuses dites *à fibres spirales*, exerceraient l'action principale. Le ganglion de Bidder ne serait qu'un moteur subalterne, incapable par lui-même de maintenir l'automatisme des mouvements du cœur.

Ce premier point établi, rappelons que les centres nerveux interviennent néanmoins dans ce rythme afin d'assurer l'uniformité du travail cardiaque et que, en outre, la contractilité du cœur est mise en jeu par les excitants ordinaires du muscle. Sollicité par la pression sanguine, le muscle creux qu'est le cœur se distend et entre en activité : la systole présente les caractères graphiques qui caractérisent la secousse de l'agent strié locomoteur, ce qui veut dire qu'elle peut être assimilée à celle obtenue par un choc unique d'induction (ascension suivie de la descente, sans plateau intermédiaire). Cette interprétation, due à MAREY, n'est pas définitive, car FREDÉRICQ soutient que la contraction du cœur est un tétanos.

ONDULATION. — Lorsqu'on applique l'excitation électrique, celle du choc inductif en un point de l'extrémité du muscle, la contraction, d'abord localisée au point touché, se propage tout le long de l'organe à la manière d'une onde produite à la surface de l'eau. Ce phénomène a été désigné sous le nom d'*onde musculaire*. Dès 1862, AÉBY, puis ensuite MAREY, ont mesuré sa vitesse de propagation sur le muscle de grenouille. HERMANN a fait la même détermination chez l'homme.

Selon AÉBY et MAREY, cette vitesse serait de 1 mètre par seconde; selon HERMANN, elle est, pour l'homme, de 10 à 13 mètres. L'onde de contraction se constate facilement au microscope sur une patte d'hydrophile excitée par un liquide ou bien encore sur un uretère (canal excréto-urinaire de la vessie) de lapin que l'on pince à l'une de ses extrémités. Dans ce dernier cas, l'onde, visible à l'œil nu, aurait une vitesse de $0^m,025$ par seconde (ENGELMANN).

Certains auteurs pensent que la contraction musculaire résulterait en sa totalité d'une superposition d'ondes fondamentales.

L'onde de AÉBY est un phénomène musculaire artificiel qui doit être distingué de l'*onde élémentaire* (forme de contraction du faisceau primitif), mode anormal de la contraction. L'onde élémentaire constitue un phénomène agonique qui trahit la déchéance des faisceaux primitifs et annonce l'abolition prochaine de leurs propriétés physiologiques (LAULANIÉ).

SONORITÉ. — Durant la contraction volontaire, le mouvement vibratoire du muscle produit un véritable son. La tonalité du *son musculaire* a le même rythme que la série des excitations qui provoquent le tétanos (HELMHOLTZ), soit 36 à 40 vibrations par seconde.

Le muscle en état de tétanos artificiel vibre et sonne comme celui animé par l'action volontaire; la tonalité du son est égale au nombre des contractions. Ce fait identifie la contraction volontaire au tétanos expérimental. Il donne raison à Weber qui a conçu la contraction physiologique comme un tétanos analogue à celui qui est déterminé par le courant faradique.

On peut écouter sur soi-même le son musculaire en contractant énergiquement les mâchoires après s'être mis dans un endroit silencieux et s'être bouché les oreilles. Dans le laboratoire, on préfère ausculter le muscle à l'aide du myophone de d'Arsonval, qui dérive de l'emploi du téléphone.

Chimisme. — La contraction musculaire — expression la plus nette et la plus bruyante des efforts biologiques — a pour effet immédiat et intrinsèque de déterminer une plus grande élasticité du muscle. Sous cette influence, l'organe prend une réaction acide et, dans cette suractivité fonctionnelle, il s'effectue, en même temps, une dépense d'énergie chimique avec production thermique :

$$\text{Chimisme musculaire} = \text{Travail physiologique} = \text{Énergie extérieure fournie.}$$

Le travail intérieur du muscle (*travail physiologique*) n'est en somme qu'une création instantanée d'élasticité parfaite et puissante, intermédiaire obligé entre la dépense énergétique et la production calorifique. L'expérimentation prouve que les trois termes de l'équation de Chauveau varient proportionnellement à la charge soutenue par le muscle et au raccourcissement éprouvé par l'organe; ils sont donc proportionnels à l'élasticité de contraction.

Toujours accompagnée d'une élévation de température, d'un surcroît des combustions histo-respiratoires de l'organisme, la contraction est, par contre, précédée de l'anéantissement du potentiel alimentaire, source du travail physiologique, et origine des réactions intérieures issues du sarcoplasma.

En ce qui touche la nature de ce potentiel, Chauveau soutient, d'après de nombreux faits expérimentaux, que le muscle trouve son aliment principal, sinon exclusif, dans les hydrates de carbone dont il est imprégné. Le glucose est l'aliment prochain et immédiat des combustions attachées à la production de la force musculaire; le fonctionnement des muscles est lié à une suractivité de la fonction glycogénique du foie (Chauveau).

A la lumière de ces nouvelles notions, rappelons incidemment que les muscles possèdent une réserve chimique, toujours disponible, sous forme de glycogène (Sanson, Bernard, Nasse, Chauveau), et que les principes immédiats des aliments ont une valeur énergétique qui se confond avec leur valeur thermogène. Les valeurs moyennes, approximatives, de ces énergies, exprimées en grandes calories, sont les suivantes :

$$1 \text{ gr. d'hydrocarbones donne} \dots\dots\dots\dots\dots\dots 4^{cal},10$$
$$1 - \text{ de graisses} \qquad - \dots\dots\dots\dots\dots\dots 9^{cal},30$$
$$1 - \text{ d'albuminoïdes} \qquad - \dots\dots\dots\dots\dots\dots 4^{cal},10$$

Au point de vue énergétique, 100 grammes de graisses sont équivalents à environ 225 grammes d'albuminoïdes ou d'hydrates de carbone. Ces quantités sont isodynames et pourraient être substituées les unes aux autres dans la ration d'entretien du bétail, celle qui maintient l'équilibre protéiforme de l'individu. Ces données seront naturellement modifiées dans l'avenir si l'on accepte, de façon définitive, la conception de CHAUVEAU. La valeur isodynamique sera déduite d'après les poids hydrocarbonés fournis par transformation intra-organique de l'albumine et de la graisse.

Désormais, on tiendra compte aussi de la présence des ferments solubles dans les réactions du muscle, notion qui vient compliquer le problème et proscrire toute spéculation prématurée.

Quels que soient les matériaux que le muscle emploie pour sa contraction, malgré les changements apportés par les phénomènes intimes de la respiration, la substance musculaire, qui constitue la *viande* ou la *chair*, a une composition peu variable.

La chair musculaire des animaux domestiques renferme de l'eau, des matières azotées et non azotées, des sels minéraux, soit en moyenne 75 p. 100 d'eau, 21 p. 100 de matières albuminoïdes, 3 p. 100 de principes ternaires et 1 p. 100 de substances minérales.

Les muscles, épurés de tout sang, découpés, réduits en poudre et soumis à la congélation sous forte pression, donnent une *neige musculaire* qui, exprimée dans une presse réfrigérante, renferme un liquide sirupeux, jaune-opale et alcalin (*plasma musculaire*). Ce liquide se coagule spontanément, se dédouble en deux parties : la *myosine*, formant le caillot solide, et le *sérum musculaire*, qui reste liquide.

La myosine ne préexiste pas dans le muscle; elle se forme, comme la fibrine dans le sang, sous l'influence d'un ferment; elle se coagule à 45°, est insoluble dans l'eau et soluble dans les liqueurs de sel marin à 5 ou 10 p. 100.

Le sérum contient de l'hémoglobine ou hématocristalline, un mélange d'albuminoïdes, de la créotine, de l'urée, de l'acide inosique. Parmi les principes non azotés on y trouve de la graisse, du glycogène, de l'inosite, de la dextrine, des acides lactique, butyrique et acétique. Parmi les matières minérales, le sérum renferme surtout des phosphates et un peu de chlorure de sodium,

MONFALLET. — Examen des viandes.   4 le tout dans la proportion de 1 à 2 p. 100. D'après Arthus, 1 000 parties de muscle contiennent :

Potasse............................... 4,65
Soude................................. 0.77
Chaux et magnésie..................... 0,50
Acide phosphorique.................... 4,64
Chlore................................ 0,67

V. — ORGANES COMESTIBLES.

Après avoir établi ces notions préliminaires, il nous faut pénétrer plus avant, mettre le public instruit en contact avec la pratique, l'associer à cette initiation qu'il doit acquérir *de visu* et *de actu.*

Nous ne pouvons projeter actuellement que les clartés d'ensemble dont la radiation sera le fond même de l'expertise sanitaire.

Avant de différencier les caractères normaux des organes comestibles, nous donnerons les principes directeurs qui président à la réception des animaux de boucherie et à l'exploration des organes après l'abatage.

1° VISITE SANITAIRE (1).

EXAMEN SUR PIED. — Dès l'arrivée du bétail aux lieux du sacrifice, l'inspecteur visite d'abord les animaux (*examen sur pied*), s'efforce de découvrir ceux qui sont atteints ou suspects de maladies contagieuses et, s'il y a lieu, leur applique les règlements et lois en vigueur. Muni des connaissances de l'histoire naturelle des maladies, il lui incombe d'interpréter la symptomatologie de façon méthodique et précise. Discerner, au milieu de caractères superposés, les signes diagnostiques qui prédominent, parvenir à leur isolement, puis à leur subordination, dégager des faits généraux ou présomptifs, voilà, en quelques mots, les notions préalables à posséder, celles exigeant du tact et de la dextérité. En possession du diagnostic, formulé si possible sans réticence, l'inspecteur fait sur-le-champ mettre en fourrière les sujets malades.

Dans cet examen du bétail sur pied, il importe de laisser les animaux dans une avant-cour et sous abri, d'attacher au piquet ceux

(1) Dans les rares abattoirs chiliens, le bétail est l'objet d'une inspection factice. La plupart d'entre eux, aussi mal agencés que piteusement servis, sont à la fois des émonctoires miasmatiques et les sinécures d'une milice électorale que tolèrent de complaisantes autorités. Et cependant la statistique démontre que, dans les contrées où l'examen des viandes est habilement organisé, la mortalité humaine est bien restreinte. Or, comme il est avéré qu'elle excède 35 pour 1000 habitants à Santiago, elle fait donc entrevoir l'incurie néfaste des édiles municipaux du Chili.

d'entre eux qui présentent des signes de maladie transmissible.

Pour faciliter le diagnostic, tout service d'inspection doit être pourvu des instruments et ustensiles modernes les plus perfectionnés : loupe, microscope à platine tournante avec diaphragme-iris et éclairage Abbé autant que possible, munis d'un revolver porte-objectif; des matières colorantes pour épreuves histologiques et bactériologiques (picro-carmin, éosine, safranine, orcéine, vésuvine, hématéine, purpurine, violet 5B, vert de méthyle, fuchsine acide, nigrosine, thionine, acide osmique, etc.); une série de réactifs chimiques et de liquides fixateurs (alcool, sublimé iodé, etc.); divers ustensiles de laboratoire (éprouvettes, tubes d'essai, matras de culture, pipettes, etc.); en outre, les appareils usuels des cliniques (collection de thermomètres, plessimètres, phonendoscope, harpons explorateurs, spéculums des diverses voies naturelles, seringues hypodermiques, etc.). Pour les grands abattoirs, on peut recommander l'appareil centrifugateur de Storch, les masques protecteurs d'aluminium avec capuchon et visière vitrée, les investigations radiographiques, etc.

Des indications générales peuvent être condensées et servir de jalons, aux jeunes néophytes, au cours de l'examen sur pied.

Bovidés. — Lorsque l'habitus extérieur de l'individu ne présente rien d'anormal, que le pouls et la respiration sont réguliers, il n'est pas utile d'explorer sa thermogenèse. Si l'on note un état congestif, fébrile, on fixera la température et l'on aura recours à l'auscultation.

Chez les vaches, on palpe le pis et les ganglions paramammaires; en cas de suspicion tuberculiforme, on prélève un échantillon de lait et l'on harponne la glande pour l'examen microscopique.

Si l'on constate de la toux, un écoulement vaginal, des signes cachectiques avec maigreur accentuée, l'examen bactérioscopique du mucus séro-purulent du vagin est indiqué.

Dans le cas de toux suffocante provoquée par pression de la trachée et s'il y a d'autres signes cliniques indiquant de vastes foyers tuberculo-respiratoires, il est nécessaire d'examiner au microscope les mucosités trachéales et nasales.

Si l'on aperçoit un manque d'appétit, du ptyalisme, le défaut de rumination, il faudra examiner les régions de la bouche avec minutie. Chez le veau, explorer, en outre, les muqueuses et l'ombilic. Chez les sujets maigres, s'assurer si la peau adhère aux côtes et s'ils présentent de la diarrhée.

Cheval. — L'état de la peau et des muqueuses, surtout celles des voies nasales, sera toujours observé très attentivement. De même les ganglions de l'auge et les cordons lymphatiques des membres doivent être examinés avec le plus grand soin.

Porc. — Si l'on note des troubles apparents, prendre la température, explorer le cœur, rechercher les taches cutanées. L'animal étant couché et maintenu en long, on lui ouvre les mâchoires à l'aide d'un bâton et, avec la main enveloppée d'un mouchoir, on saisit la langue pour y découvrir les lésions parasitaires de ses parties inférieures et latérales.

Mouton. — Il faut particulièrement porter son attention vers la peau et la région nasale, tenir compte du rythme respiratoire et, en certains cas, éprouver la température. En général, se montrer tolérant.

L'examen avant l'abatage ne peut avoir lieu, de façon complète, que sur le bétail habituellement docile ; il est absolument impraticable avec des animaux agressifs, tels que le sont, par exemple, les grands ruminants de l'Amérique du Sud.

Examen sur le cadavre. — L'inspection après l'abatage peut s'effectuer dès l'ouverture des cavités splanchniques, mais non sans visite préliminaire de la masse des intestins, encore adhérente, placée à côté de l'animal. On considère l'intérieur de la poitrine et de l'abdomen avec les lésions macroscopiques ; on fait en quelque sorte de l'anatomie pathologique appliquée. Celle-ci et la microbiologie sont évidemment des sciences solidaires qui opèrent en collaboration intime, mais la première est, pour l'inspecteur, l'auxiliaire le plus précieux qui lui donne ses plus puissants moyens d'investigation rapide. Il importe dans ce domaine de ne point s'attarder aux recherches bactérioscopiques qui sont d'intérêt secondaire, tout au moins pour le but que nous ambitionnons ici. Ces recherches ne sont nullement indispensables ; elles ne sont qu'un complément des diagnostics douteux et doivent intervenir, pour suppléer aux erreurs des sens, dans les cas suspects. Il est à peine besoin de dire qu'on ne saurait procéder aux cultures, insérer des virus et, lorsque la viande est attendue par le consommateur, remettre au lendemain une sanction que le boucher attend impatiemment.

Pour étayer son jugement, l'inspecteur ne peut s'empêcher d'explorer les masses graisseuses et ganglionnaires, car elles éprouvent presque toujours de nombreuses modifications au cours des maladies. Nous allons donc passer en revue les caractères généraux de la graisse et des ganglions examinés à l'état de santé.

Graisse. — Les matières grasses se déposent dans des vésicules groupées en amas, pelotons, granulations ou simples gouttelettes. Ces vésicules sont cependant des éléments cellulaires, des cellules obèses dont le protoplasma s'est disposé en une mince membrane d'enveloppe ayant le noyau refoulé en un point de la face interne. Au microscope, les corpuscules graisseux sont translucides, régulièrement sphériques, foncés à leurs bords ; si l'on fait mouvoir très lentement la vis micrométrique, ils apparaissent d'abord comme un point brillant, puis cerclés plusieurs fois avec une ombre périphérique. La vésicule adipeuse, prélevée d'un animal fin-gras et déjà refroidi, est polyédrique ; elle montre souvent à son intérieur des cristaux radiés de margarine.

Les cellules adipeuses se groupent généralement pour former des pelotons ovalaires (*lobules adipeux*) séparés et pénétrés par du tissu conjonctif très cohésif. Chaque lobule est fortifié par deux réseaux de capillaires abondants dont l'aspect rappelle celui de petites feuilles composées (*réseaux limbiformes*) : l'un superficiel et volumineux, l'autre profond et plus fin, qui circonscrit les vésicules elles-mêmes. Ces réseaux sont la ramure élaboratrice de la graisse.

La graisse d'un corps vivant est plus ou moins liquide. Lorsqu'elle est refroidie ou figée sur un tissu mort, elle a une consistance et une couleur variables : celle du cheval, comme celle de l'homme, est jaune et semi-fluide ; celle du mouton est blanche et plus consistante ; celle du bœuf est moins blanche et moins ferme ; celle du porc fait transition entre celle du bœuf et celle du cheval.

Les réactifs de la graisse sont le sudan, le bleu de quinoléine et l'acide osmique. Ce dernier s'emploie *le plus habituellement* (solution aqueuse à 1 p. 200 ou encore à l'état de vapeurs) ; c'est un bon colorant et un fixateur énergique. — La graisse présente diverses autres réactions : par l'iode (bleue), par la racine d'alcanna (rouge), par la solution alcoolique de henné (verte), etc. Les préparations, colorées par l'un de ces produits, peuvent encore être teintées en noir par l'acide osmique. Il convient de ne laisser agir ce dernier que pendant une minute, ce qui permet d'apercevoir les détails cellulaires ; le noyau occupe parfois l'échancrure d'une boule adipeuse grise obscure.

Ces dernières années, HANRIOT a mis en lumière le rôle d'un ferment soluble, la *lipase*, remarquablement fixe dans le sang, qui a pour but de maintenir constante la proportion de graisse circulant dans l'organisme. On ignore son origine et la cause de ses variations dans les maladies, mais on peut poser en fait que la diminution extrême d'un tel ferment est un signe grave ; elle est suivie généralement de mort.

Il est indispensable d'examiner la couleur, la fermeté et l'abondance de la graisse. Après sacrifice de l'animal, on remarquera la graisse extérieure sous-cutanée (*graisse de couverture*), ainsi que celle qui est accumulée autour des reins ou rognons et dans les sillons du cœur (*graisse intérieure*).

La première, facilement constatée dans les régions costo-dorsales et sur le plat de la cuisse, a une coloration jaunâtre ou blanchâtre, selon la race et l'alimentation. La seconde, utilisée sous le nom de suif, a souvent une teinte blanc rosé ou bien encore le coloris du beurre frais.

Examinons, d'une manière sommaire, leurs principales particularités objectives, celles qui intéressent l'inspecteur sanitaire :

Bœuf. — Graisse de couverture colorée diversement, souvent en jaune par les tourteaux employés pour la nourriture du bétail. Plus ou moins abondante suivant l'état d'embonpoint.
    Graisse intérieure ferme, blanche ou jaunâtre.
Taureau. — Graisse de couverture presque absente, remplacée par un tissu aponévrotique blanc nacré.
    Graisse intérieure ordinairement blanche et sèche.
Vache. — Graisse de couverture le plus souvent absente, chez les sujets âgés en particulier.
    Graisse intérieure tantôt blanche, tantôt jaune.
Cheval. — La graisse de couverture fait presque défaut.
    Graisse intérieure blanc jaunâtre, huileuse, peu abondante, souvent même onctueuse au toucher. Une feuille de papier joseph appliquée sur une coupe fraîche prend l'aspect des taches oléagineuses.
Mouton. — Graisse de couverture peu abondante.
    Graisse intérieure blanche, ferme, dure.
Chèvre. — Graisse de couverture ordinairement nulle.
    Graisse intérieure d'un blanc jaunâtre.
Veau. — Graisse de couverture souvent absente.
    Graisse intérieure d'une blancheur plus ou moins accusée suivant l'âge et la race de l'animal. Elle est ferme, douce au toucher.
Agneau. — Graisse de couverture localisée chez les sujets améliorés, absente ou safranée chez les sujets étiques.
    Graisse intérieure blanche ou grise.
Porc. — Graisse de couverture très épaisse, dure chez les sujets âgés.
    Graisse intérieure blanche ou peu rosée, molle.

GANGLIONS. — Les ganglions, situés sur le trajet des vaisseaux lymphatiques, sont généralement de coloration rosée et de consistance molle. Au niveau de leur hile pénètrent des vaisseaux sanguins et quelques lymphatiques efférents, tandis que leur convexité reçoit de nombreux conduits afférents. Enveloppés d'un étui conjonctif lâche et lamelleux, ils glissent ou roulent sous les doigts lorsqu'on les explore. Si l'on fait une section suivant leur grand axe, passant par le hile, on voit que tout ganglion est composé d'une capsule qui lance des prolongements à l'intérieur. On peut y distinguer deux zones : 1° la *substance corticale*, d'un blanc mat, située à la périphérie, sous la capsule fibreuse ; 2° la *substance médullaire*, gris jaunâtre, qui occupe le centre de l'organe. Sous la capsule plus ou moins élastique, on rencontre chez le bœuf et parfois chez le cheval des fibres musculaires lisses disposées à sa face profonde.

Le parenchyme ganglionnaire, ainsi formé par l'union des deux substances, est constitué par du tissu réticulé dont les mailles logent un très grand nombre de cellules. Sur des coupes histologiques, très minces et bien colorées, en partie traitées au pinceau, on aperçoit cette abondance cellulaire, les faisceaux connectifs et les fibres élastiques de la capsule, mais on ne peut concevoir l'arrangement de la charpente réticulée. Il faut avoir recours aux procédés classiques de Ranvier ou de Renaut et, ce qui est préférable, à ceux qui facilitent en même temps l'étude cytologique.

Les travaux de Flemming, Hoyer, Retterer, Dominici, etc., permettent aujourd'hui de voir nettement la structure fine du ganglion. Laissant à part les méthodes complexes, nous indiquerons une technique appropriée à tous les besoins de la pratique quotidienne : il suffit de plonger les coupes dans un bain d'hématéine durant trois minutes, de laver à l'eau, d'immerger pendant deux minutes dans un mélange d'éosine et d'aurantia. L'hématéine colore en violet obscur les noyaux avec leurs granulations ; l'éosine colore en rose le protoplasma, le tissu connectif et le réticulum ; l'aurantia teint en jaune orangé les rares hématies.

Dans la substance corticale, nous trouvons des masses noueuses nucléées, anastomosées, fibrillaires (*follicules*), entre lesquelles sont comprises des cellules lymphoïdes, petites, « formées d'une masse de protoplasma si réduite autour du noyau qu'on la distingue parfois malaisément de ce dernier » (Renaut). Autour des follicules, disposés en fer à cheval, sont des espaces cloisonnés (*sinus lymphatique*) par des trabécules très délicats du réticulum, mais cependant un peu plus denses que ceux des masses folliculaires.

Dans la substance médullaire, on voit des cordons pleins (*cordons folliculaires*) qui font suite aux follicules, entourés eux-mêmes par des espaces libres (*système caverneux*) en continuité avec les sinus lymphatiques. Dans le système caverneux, ainsi que dans les sinus, on rencontre de nombreux leucocytes mononucléaires.

Sur les coupes teintées au bleu de toluidine-éosine-orange, on observe surtout des follicules à centre clair, très foncés à leur périphérie, ainsi que des follicules composés d'éléments uniformes, mais alors ceux-ci très comprimés en séries concentriques. Les premiers (*Keimcentren*), que Ilis prenait pour des vacuoles, représentent, selon Flemming, des centres germinatifs, des foyers de transformation des lymphocytes en mononucléaires. Chez un grand nombre de ces leucocytes, on surprend les diverses figures de la division karyokinétique. De plus, au milieu des leucocytes et dans les centres éclaircis, on voit des amas nucléaires, fortement colorés, inclus à l'intérieur de cellules géantes à gros noyau vésiculeux ; ces amas, signalés par Flemming (*Tingible Korper*), sont vraisemblablement des produits de destruction des cellules lymphatiques. Schumacher suppose que les éléments détruits dans les follicules peuvent servir de matériaux nutritifs aux leucocytes en voie de développement.

Parmi les masses ganglionnaires, ce sont les groupes inguinaux et sous-lombaires, la double chaîne de ganglions accolés aux artères côliques et ceux contenus dans l'épaisseur du mésentère qui deviennent souvent le siège d'hypertrophies et d'altérations infectieuses. De même les ganglions bronchiques, sous-maxillaires, prépectoraux et préscapulaires sont fréquemment envahis par des lésions tuberculeuses. Enfin, il ne faut jamais négliger de voir l'état de l'épiploon, qui n'est lui-même qu'un ganglion lymphatique étalé.

Étant donnée l'importance des lésions ganglionnaires, notamment chez le gros bétail, nous croyons nécessaire de donner un *aperçu topographique des ganglions* (Voy. fig. 5, 6, 7, 8) habituellement explorés; puis de fournir en deux tableaux les *dimensions de ces organes* à l'état normal et pathologique, d'après notre ami confraternel KOWALEWSKY.

Diamètres normaux des ganglions (bovidés).

GANGLIONS LYMPHATIQUES EXPLORABLES.	DIAMÈTRE EN CENTIMÈTRES.	
	Longitudinal.	Transversal.
Sous-maxillaires................	4-4,5	2-2,5
Rétropharyngiens...............	4,23	2,6
Cervicaux supérieurs...........	4,5	2,5
Bronchiques...................	3,8-4	2,5
Médiastinaux antérieurs..........	2,5-3	1,5-2
— postérieurs.........	8,5-9	4,5-5
Préscapulaires.................	9	3,68
Iliaques externes..............	7,54	2,84
— internes...............	8-10	5-6,5
Mammaires et prépubiens........	5,8-6	5-5,6
Sous-lombaires	2,5-3	1-1,5
Poplités	3-3,5	1,5-2
Sternaux	3,5-4	1,5-2

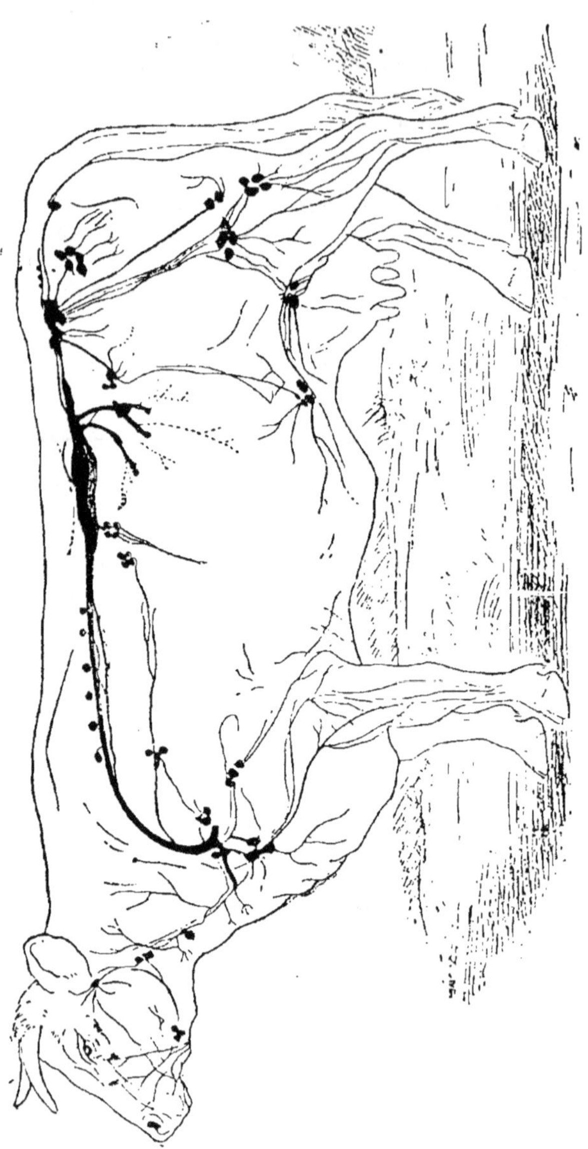

Fig. 5. — Appareil lymphatique de la vache.

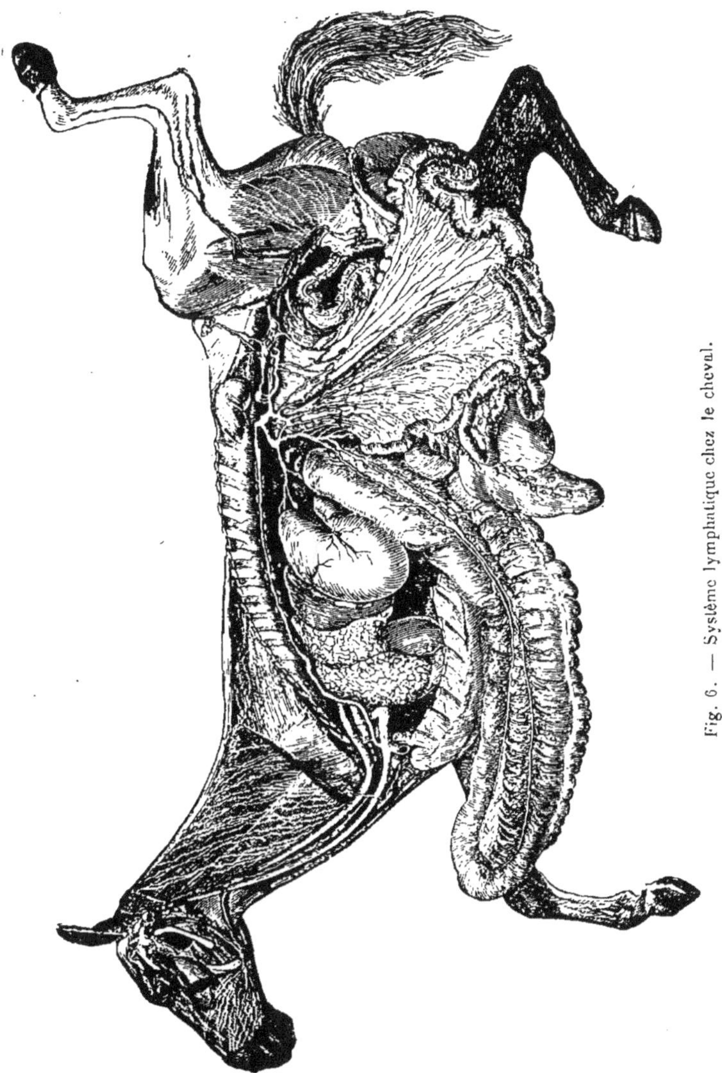

Fig. 6. — Système lymphatique chez le cheval.

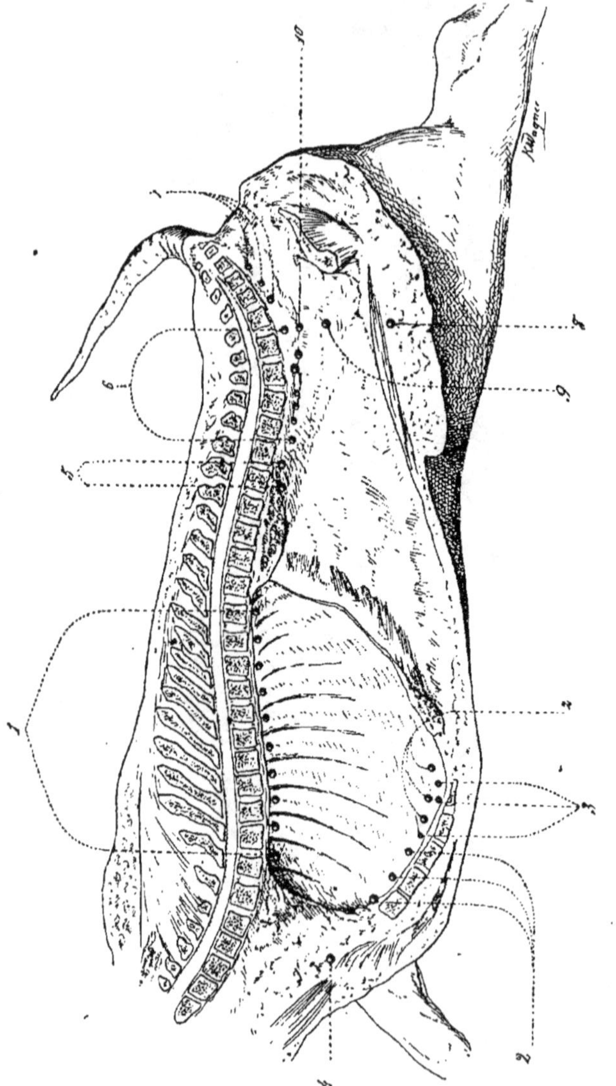

Fig. 7. — Système lymphatique du veau (*schéma*).

1, G. thoraciques supérieurs.
2, G. thoraciques inférieurs.
3, G. sus-sternaux profonds.
4, G. cervicaux inférieurs.
5, G. prérénaux.
6, G. sous-lombaires.
7, G. sacrés.
8, G. mammaires.
9, G. inguinaux profonds.
10, G. iliaques internes.

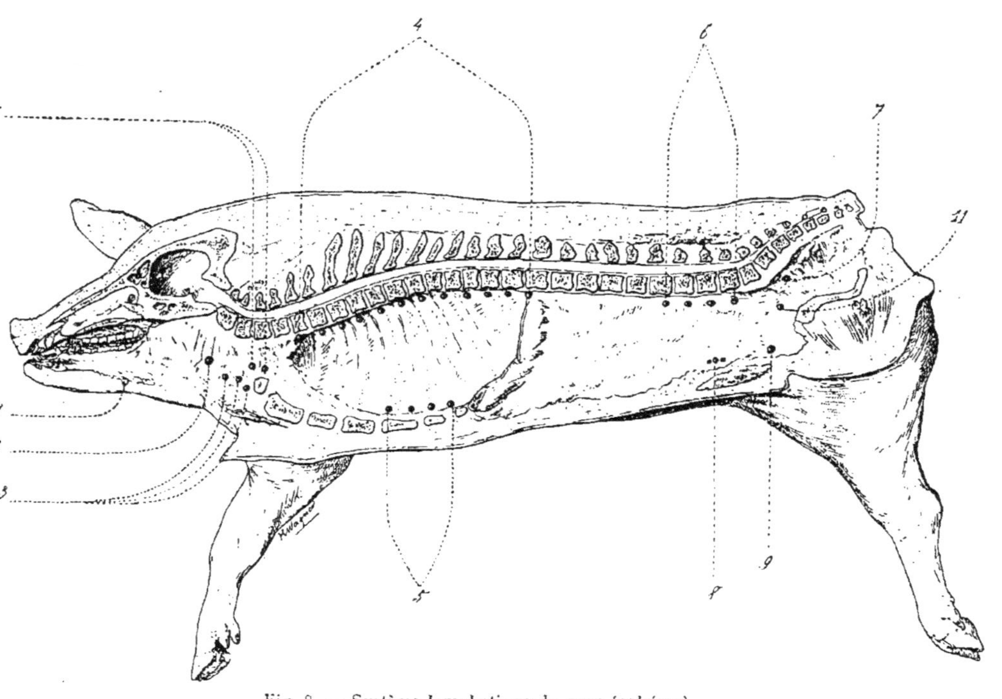

Fig. 8. — Système lymphatique du porc (*schéma*).

1, G. sous-maxillaires.
2, G. préscapulaires.
3, G. prépectoraux-axillaires.
4, G. intercostaux supérieurs.
5, G. sternaux inférieurs.
6, G. sous-lombaires.

7, G. iliaques internes.
8, G. sous-iliaques externes.
9, G. prépubiens.
10, G. sous-brachiaux.
11, G. ilio-latéraux médians.

Dimensions anormales des ganglions (bovidés).

NUMÉROS.	SEXE.	ÂGE.	ÉTAT de NUTRITION.	GANGLIONS LYMPHATIQUES. NOMENCLATURE.	PROCESSUS MORBIDE.	DIAMÈTRE en centimètres Longueur.	Largeur.
1	Bœuf.	6	Médiocre.	Iliaques externes.	Hyperémie.	8	3,5
				Préscapulaires.		9	4
2	Vache.	4	—	—	Infiltration séreuse.	9	2,5
						10	3,5
3	Bœuf.	5	—	—	Extravasation.	9	2,5
						10	4,5
4	—	9	—	—	Lymphadénite chronique.	8	3
						10	3,5
5	—	6	Bon.	Médiastin antér.		8	4
				— postér.	Tuberculose.	20	10,5
				Rétropharyngien droit.		5	4
				Rétropharyngien gauche.		4	3
6	—	5	Médiocre.	Iliaques externes.	Lymphadénite hémorragique.	9	4
				Préscapulaires.		12	4
7	—	6	—	—	Œdème sous-capsulaire.	8	4
						12	3
8	—	10	—	Préscapulaire droit.	Extravasation.	12	3,5
9	—	6	—	Préscapulaire gauche.	Lymphadénite chronique.	9	4
10	—	10	Mauvais.	Bronchiques.		4,5	3
				Médiast. antér.	Tuberculose.	8	7
				— postér.		16	3,5
11	—	11	Médiocre.	Prépectoral gauche.	Congestion générale.	12	3,5
12	—	9	—	Bronchiques.		5	2,5
				Rétropharyngiens.	Tuberculose.	5	3
13	—	8	—	Sternaux.		6	4
				Trachéal inférieur droit.	Actinomycose.	8	7
				Trachéal inférieur gauche.		13	6
14	—	9	—	Sous-maxillaire droit.		13	13
				Cervical sup. droit.		13	14
				— gauche.	Actinomycose.	7	6
				Rétropharyngien droit.		10	7
				Rétropharyngien gauche.		10	6
15	Vache.	6	—	Prépubien gauche.	Lymphad. sup.	8	6,5

NUMÉROS.	SEXE.	AGE.	ÉTAT de NUTRITION.	GANGLIONS LYMPHATIQUES.		DIAMÈTRE en centimètres	
				NOMENCLATURE.	PROCESSUS MORBIDE.	Longueur.	Largeur.
16	Bœuf.	10	Médiocre.	Bronchiques.	Infiltration cal-	8	6
				Médiast. antér.	caire	14	11
				— postér.	tuberculeuse.	18	12
17	—	9	—	Sous-maxillaires.		5	3
				Rétroparotidien droit.	Tuberculose actino-	7	5
				Rétropharyngien gauche.	bacillaire.	8	5
18	—	9	Mauvais.	Bronchiques.		9	4,5
				Médiast. postér.	Tuberculose.	21	4,5
19	—	8	Médiocre.	Médiastinaux.	Tuberculose	26	11
				Bronchiques.	généralisée.	10	8,5
20	—	12	—	Parotidien droit.		5,5	4
				Bronchiques.	Tuberculose	6	4,5
				Médiast. antér.	actino-	5	3,5
				— postér.	bacillaire.	30	12
				Trachéal inférieur.		6	5,5

2° CARACTÈRES DISTINCTIFS DES VISCÈRES.

Certains viscères et organes sont employés dans l'alimentation de l'homme ; ce sont les *abats*, désignés vulgairement sous le nom de « cinquième quartier », tandis que les *issues* sont délaissées pour l'usage industriel, l'extraction de substances azotées.

Estomac. — L'appareil polygastrique des *ruminants* (tripes, gras-double), comme l'estomac du porc, est découpé en lanières et entre dans la confection des andouilles. Au Chili, il constitue les *huatitas*.

Intestins. — L'intestin du *bœuf* sert, après lavage et raclage, à recouvrir les saucissons de ménage ; le cæcum forme le plus souvent l'enveloppe de la mortadelle. L'intestin du *veau* et le cæcum du *porc* deviennent parfois le manchon des boudins. L'épiploon entoure les crépinettes, diverses saucisses appelées *chorizos* au Chili.

Reins. — Chez les *bovidés*, les reins apparaissent comme une surface pavimenteuse, étendue d'avant en arrière ; ils sont composés de quinze à vingt-cinq lobes distincts. Chez les *équidés*, le rein droit a la forme d'un cœur de carte à jouer et le rein gauche celle d'un haricot légèrement déprimé de haut en bas ; le premier pèse environ 750 grammes, le second 700 grammes. Les reins ou *rognons* du *mouton* et de la *chèvre* sont petits, globuleux, simples, en forme d'ellipse nettement régulière. Ceux du *porc*, plus allongés et pâles, ressemblent à un haricot aplati d'une face à l'autre.

Rate. — La rate n'est pas un mets de premier ordre. Celle du *bœuf* est fusiforme, uniformément large, arrondie aux extrémités; celle de la *chèvre* et du *mouton* représente une sorte de triangle isocèle aux angles arrondis et saillants. La rate du *cheval*, falciforme, à base large, couverte d'aspérités, offre à considérer un bord convexe mince, tranchant, et un bord concave, plus dense. Celle du *porc* est très étroite, pâle et allongée. On doit toujours rechercher les lésions spléniques en même temps que les altérations ganglionnaires.

Foie. — Ce viscère, très développé chez les grands *ruminants*, atteint un poids de plus de 6 kilos chez le bœuf en parfaite santé. De coloration brunâtre chez l'adulte, teinté de jaune ocreux chez le *veau*, on n'y distingue pas de lobation périphérique, mais, avec un peu de soin, on parvient à dégager un petit lobule (Spigel) qui se détache de la masse. L'organe est pourvu d'une vésicule biliaire. Celui du *mouton*, fortement coloré, muni d'une vésicule, a son bord inférieur divisé en deux lobes par une échancrure. Le foie du *cheval*, de couleur brun violacé ou feuille morte, est dépourvu de vésicule; il est découpé en plusieurs lobes par deux échancrures profondes. On y reconnaît trois lobes principaux dont l'un, placé à droite, porte le lobule de Spigel, toujours très détaché. Le foie trilobé du *porc* possède une vésicule biliaire. Sur le lobe médian s'aperçoit une scissure qui le partage en deux lobules secondaires. La surface hépatique montre un réseau polygonal formé par la charpente conjonctive qui soutient les unités lobulaires de l'organe. Chez le *lapin*, ce réseau, moins apparent, est représenté par un pointillé blanchâtre. Les foies volumineux du *chien* et du *chat* sont profondément découpés, divisés en cinq lobes principaux.

Poumons. — Ces parenchymes aéro-sanguins ne servent généralement qu'à la nourriture des chats; ils constituent, en France, le *mou*, et, au Chili, le *bofe*. L'association des poumons, du cœur, du foie et de la rate est généralement désignée sous le nom de *fressure* par les bouchers français.

Les poumons sains ont une belle teinte rosée. Ceux du *bœuf* se distinguent de ceux du *cheval* par la présence d'un tissu conjonctif interlobulaire très épais et plus lâche : le poumon droit présente trois échancrures ou quatre divisions; celui du côté gauche comprend deux divisions séparées par une échancrure unique. Chez le *cheval*, les poumons sont profondément échancrés à leur bord inférieur, surtout celui du côté gauche; à signaler, en outre, un petit lobule détaché de la face interne ou médiastine du poumon droit. Chez le *veau*, le nombre d'échancrures est le même que chez l'adulte, mais la surface est moins lobulée. Chez le *mouton* et la *chèvre*, on retrouve les mêmes échancrures, mais à peine si l'on voit les travées conjonctives qui marquent la lobulation.

Les poumons du *porc* ont chacun la forme d'un tronc de cône, tandis que ceux du mouton ressemblent à un bonnet phrygien ; celui de droite offre à considérer un lobule supplémentaire.

Les organes pulmonaires du *chien* et du *chat* montrent quatre parties distinctes à droite et trois parties à gauche.

Cœur. — Le cœur du *bœuf* est conique, de teinte rouge foncée interrompue par des amas d'une graisse blanchâtre et consistante accumulée dans les sillons ; il possède, en outre, deux osselets dans l'épaisseur de la zone préaortique. Celui du *veau* et du *mouton* est plus pâle et moins volumineux ; celui du *porc* est souvent entouré d'une couche adipeuse, dépressible, terne, maculant les doigts.

Le cœur du *cheval*, légèrement aplati, reflète une teinte jaune, parfois brunâtre ; on voit, dans les sillons, une graisse jaunâtre, molle, qui est peu abondante chez les sujets cachectiques. Le *chien* et le *chat* ont le cœur presque rond.

Langue. — Chez le *bœuf* et les petits ruminants, la langue est pyramidale, puissante, aiguë vers la pointe, couverte de papilles dermoïdes caractéristiques. La langue du *porc* est relativement forte. Celle du *cheval*, déprimée de dessus en dessous, a son extrémité antérieure élargie en forme de spatule.

Encéphale. — La *cervelle* du *bœuf*, masse de l'encéphale, a une configuration sensiblement conique à sommet antérieur ; elle pèse environ 500 grammes. Celle du *cheval* est un peu plus lourde et les circonvolutions plus sinueuses ; du reste, les hémisphères cérébraux sont eux-mêmes plus étroits en arrière et moins larges en avant que ceux des bovidés. Chez le *porc*, le cerveau est très allongé ; il est encore beaucoup plus étiré dans le sens longitudinal chez le *chien*.

Testicules. — Les testicules du *bélier*, ellipsoïdes et volumineux, très appréciés des gourmets du Chili, sont désignés sous le nom de *criadillas*.

3° CARACTÈRES DISTINCTIFS DES VIANDES.

Dans le langage de la boucherie, la viande est « ce qui reste de l'animal sacrifié, dépourvu des abats et des issues, autrement dit les *quatre quartiers* ».

La viande n'est autre que le muscle formé des fibres striées avec ses éléments connectifs, fibreux, adipeux et les ramifications vasculaires et nerveuses qu'il renferme. Les os font partie, de manière accessoire, des viandes de boucherie.

La viande est un reconstituant énergétique qui fournit à l'organisme la majeure partie des albuminoïdes dont il a besoin pour son entretien. Elle est indispensable aux peuples qui veulent prospérer. D'après GAUTIER, 250 à 260 grammes de viande fraîche ou conservée, ou de matières analogues (poisson, volaille, etc.), sont nécessaires par jour et par tête pour assurer aux populations des climats tempérés une alimentation saine et convenable.

Il est certain que dès l'époque paléolithique l'homme chelléen dévorait la chair animale, mais... nous n'avons pas à rechercher les vestiges de l'alimentation animale depuis l'origine de l'homme jusqu'à nos jours.

Il convient néanmoins de constater, à la suite des recherches de la paléontologie, que l'homme fut d'abord essentiellement frugivore, plus tard carnivore, et omnivore aujourd'hui. Nos premiers ancêtres, adonnés au cannibalisme, étaient déjà des peuples ayant une culture relative ou qui firent tout au moins un premier pas vers la civilisation. L'anthropophagie est une ébauche de l'évolution, un état intermédiaire général de tout développement de la sociabilité humaine. C'est un fait historique avéré que toute tribu qui délaisse la vie frugale pour se nourrir de chair d'animaux et surtout de viande crue, devient presque forcément anthropophage.

Les travaux de l'éminent anthropologiste M. J. GIRARD DE RIALLE donnent au cannibalisme une caractéristique que nous ne saurions examiner en ce lieu; au point de vue de la philosophie zoologique, ils sont suggestifs et forcent l'attention.

ANALYSE. — Des nombreuses études faites ces derniers temps il résulte que la chair des animaux domestiques, prise en bloc, contient en moyenne 77 p. 100 d'eau et 23 p. 100 de substances diverses, les unes assimilables, les autres non.

De tous les animaux livrés à la boucherie, le porc mérite une mention particulière; il est économiquement des plus avantageux pour la nourriture de l'homme, qui utilise les neuf dixièmes de sa graisse et les huit dixièmes de sa viande. Il offre néanmoins l'inconvénient d'avoir la chair trop infiltrée par la graisse, et d'une digestion difficile.

BALLAND, BOUSSON ont publié sur la composition analytique des diverses viandes des résultats intéressants qu'on devra consulter (1). Voici, d'après BOUSSON, une moyenne pour la *viande de bœuf* qui constitue la matière première la plus commune dans l'alimentation carnée :

Eau..	68,89
Matières azotées.............................	22,93
Matières grasses.............................	5,19
Sels minéraux................................	1,05
Matières non azotées.........................	1,04

(1) BALLAND, *Ann. d'hygiène publ.*, août 1902. — BOUSSON, *Revue de l'Intendance*, 1897 p. 421.

Pour le bœuf, les quantités pour 100 de chair musculaire et de graisse varient, suivant le morceau, dans les proportions suivantes :

	Chair musculaire.	Tissu adipeux.
Cuisse.....................	64,26	19,59
Côtes.....................	43,03	46,67
Abdomen..................	44,51	51,99

Ces divers morceaux donnent à l'analyse :

RÉGIONS.	CHAIR MUSCULAIRE.				TISSU ADIPEUX.			
	Eau.	Matière azotée.	Graisse.	Cendres	Eau.	Matière azotée.	Graisse.	Cendres
	%	%	%	%	%	%	%	%
Cuisse......	71,96	21,91	5,04	1,09	13,59	4,74	81,46	0,21
Côtes..	73,98	20,30	4,64	1,08	13,89	3,27	82,63	0,21
Abdomen...	70,43	19,03	9,54	1,00	18,73	4,97	76,10	0,30

En se basant sur la composition chimique de la chair musculaire pure et du tissu adipeux, connaissant d'autre part les proportions relatives de la viande et de la graisse des différentes parties, on peut calculer, avec BEYTHIEN, le nombre d'unités nutritives contenues dans 1 kilogramme de viande. Soit un morceau charnu qui possède a p. 100 de chair musculaire et b p. 100 de tissu adipeux. La composition de la chair musculaire est de x p. 100 de matière azotée et de y p. 100 de graisse ; alors les 10 a grammes de chair musculaire contenus dans 1 kilogramme de viande renferment :

$$\frac{10\,ax}{100} \text{ de matière azotée} + \frac{10\,ay}{100} \text{ de graisse.}$$

Les 10 b grammes de tissu adipeux contenus dans la même quantité de viande renferment :

$$\frac{10\,bx}{100} \text{ de matière azotée} + \frac{10\,by}{100} \text{ de graisse.}$$

D'où 1 kilogramme de viande renferme :

$$\frac{10\,ax}{100} + \frac{10\,bx}{100} = \frac{ax + bx}{10} \text{ de matière azotée.}$$

$$\frac{10\,ay}{100} + \frac{10\,by}{100} = \frac{ay + by}{10} \text{ de graisse.}$$

En supposant que 1 gramme d'albumine corresponde à 5 unités nutritives et 1 gramme de graisse à 3 unités, on a pour 1 kilogramme :

$$5\,\frac{ax + bx}{10} + 3\,\frac{ay + by}{10}\,.$$

Ces calculs ont permis à BEYTHIEN de dresser des tableaux indicateurs du prix de la graisse et de l'azote dans les aliments d'origine animale.

DIAGNOSE. — Il serait malaisé de reconnaître les différentes natures de viande par le seul examen de la *couleur*. Celle-ci présente une teinte qui, tout en se rapprochant de celle du sang artériel, s'en éloigne, cependant, par une série de nuances variées qui oscillent entre le rouge vif et le rose pâle.

On prendra en considération surtout les caractères organoleptiques fournis par la section transversale d'une masse musculaire, sans omettre toutefois ceux qui servent de base à la distinction des graisses.

La coupe d'un morceau de viande laisse apercevoir des reliefs plus ou moins saillants formés par l'émergence des faisceaux primitifs (le *grain*), eux-mêmes plus ou moins écartés par des arborisations ou marbrures blanchâtres dues à l'infiltration graisseuse (le *persillé*). — Le grain charnu est dit *fin* lorsqu'on le sent doux au toucher ; il est dit *grossier* quand le toucher perçoit la sensation d'une surface raboteuse. — Le persillé se voit facilement chez les animaux en bon état d'engraissement. On peut l'observer au niveau du faux-filet ou bien encore sur la coupe supérieure des muscles grands-dentelés de l'épaule, ceux qui enserrent le thorax à la façon d'une sangle. Souvent, chez le mouton, la répartition interfasciculaire de la graisse donne à la section un aspect spécial dit *maquereauté*. Chez le porc, elle s'insinue parfois entre les éléments histologiques et l'on rencontre alors des fibres musculaires fortement imprégnées, voire même en métamorphose dégénérative : on désigne le degré normal de cette diffusion adipeuse par le terme *marbré*.

Lorsque l'on peut dissocier un fragment de viande d'un certain volume, la *texture* peut livrer quelques indications diagnostiques. A savoir :

Bœuf. — Fibres longues, réunies par du tissu conjonctif lâche, aisément infiltré de graisse. — *Taureau.* — Fibres courtes, étreintes par du tissu conjonctif dense et serré. — *Vache.* — Fibres plus résistantes que chez le bœuf. Tissu connectif riche en éléments élastiques suivant la région. — *Cheval.* — Fibres courtes, épaisses, rose foncé, groupées par du tissu conjonctif condensé, à mailles réduites. Si on les malaxe entre les doigts, les adhérences se rompent avec plus de facilité que celles du bœuf. — *Mouton.* — Fibres courtes, serrées, unies par des travées conjonctives très denses. — *Chèvre.* — Fibres longues fusionnées en faisceaux grêles. — *Veau.* — Fibres minces ; filaments connectifs mous, laissant de larges mailles. — *Agneau.* — La texture se dissocie très facilement. — *Poulain.* — Faisceaux fins réunis par du tissu conjonctif très mou. — *Porc.* — Fibres longues au sein d'une trame adipeuse délicate.

Enfin, des renseignements accessoires donnés par la *cuisson* sont susceptibles d'aider à la différenciation des viandes. Ce sont, d'après BAILLET :

Bœuf. — Cuisson plus prompte que celle du taureau. Peu d'écume grisâtre. Bouillon jaunâtre, aromatique, garni d'yeux nombreux. — *Taureau.* — Cuisson lente. Beaucoup d'écume gris rougeâtre. Bouillon coloré dont la saveur rappelle l'origine. — *Vache.* — Cuisson plus longue que pour le bœuf. Beaucoup d'écume. Bouillon jaune pâle, moins aromatique, à yeux moins nombreux et plus petits. — *Cheval.* — Cuisson lente. Bouillon pâle et d'une saveur *sui generis.* — *Mouton.* – Cuisson lente. Saveur aromatique. — *Chèvre.* — Cuisson lente. Bouillon pâle et d'une odeur musquée. — *Veau.* — En rôti, sa cuisson développe l'odeur aromatique. Son bouillon est fade et gélatineux. — *Agneau.* — Cuisson prompte. Goût fade ou légèrement aromatique suivant la race. — *Porc.* — Cuisson prompte. En rôti, sa cuisson développe une odeur aromatique chez les sujets bons et fins de graisse, de même qu'elle accentue l'odeur du verrat chez l'animal non castré.

Nous croyons utile de coordonner les données usuelles qui permettent de distinguer entre elles les diverses espèces de viande, sous la forme de deux tableaux comparatifs (*Viandes colorées* et *V. blanches*) (p. 69).

Après ce résumé synoptique, nous allons faire connaître une méthode générale de différenciation, dérivée de la réaction biologique des sérums précipitants, qui reste applicable aux viandes fraîches, salées ou fumées.

A cette méthode, de certitude rigoureuse, nous annexerons un procédé pour le diagnostic des viandes congelées.

DIFFÉRENCIATION PAR LES SÉRUMS PRÉCIPITANTS. — Cette méthode est basée sur la réaction précipitante spécifique que déterminent, dans les solutions albumineuses, les sérums précipitants correspondants. Les indications suivantes, empruntées à notre érudit collègue VALLÉE, résultent des observations et tentatives de UHLENHUTH, VALLÉE, MIESSNER et HERBST, etc.

« La première condition à réaliser pour déterminer l'origine d'une viande ou d'un produit frais de charcuterie est l'obtention d'une solution de l'albumine contenue dans ces substances. Le produit à examiner doit être très finement haché et mis à macérer dans une solution aqueuse à 8 p. 1000 de chlorure de sodium, additionnée de 0^{gr},50 p. 100 d'acide phénique. Cette addition a pour but d'empêcher la pullulation des microbes dans le mélange pendant le temps de macération et durant la réaction.

Viandes colorées.

CARACTÈRES.	BŒUF.	TAUREAU.	VACHE.
Teinte......	Rouge vif.	Rouge noir.	Rouge vif.
Odeur......	Fraîche, peu aromatique.	Forte, typique.	Fraîche, rappelant parf. celle du lait, surtout chez les races b. laitières.
Consistance.	Ferme, dev. molle peu après abatage.	Dure, souvent coriace.	Plus dense que celle du bœuf.
Coupe......	Facile. Grain fin. persillée plus ou moins.	Difficile. Gr. grossier. Persillé absent.	Plus résistante. Grain moyen. Persillée peu ou point.

CARACTÈRES.	CHEVAL.	MOUTON.	CHÈVRE.
Teinte......	Ocreuse, analogue au chlor. ferrique.	Rouge vif foncé, presque noir.	Rouge éclatant.
Odeur......	Musquée, surtout chez les sujets affaiblis.	Particulière, aromatique.	Toute spéciale; musquée chez les sujets maigres.
Consistance.	Touj. ferme, mais molle ch. les vieux sujets débilités.	Très ferme.	Ferme, coriace.
Coupe......	Résistante. Grain gros et aplati. Non persillée.	Nette. Grain fin et serré. Jamais persillée.	Ass. difficile. Grain grossier. Non persillée.

Viandes blanches.

CARACTÈRES.	VEAU.	AGNEAU.	POULAIN.	PORC.
Teinte... ..	Peu rosée.	Pâle, légèrement rosée.	Rose blanc, se fonçant à l'air.	Pâle, ± rosée; rouge au niv. des jambons.
Odeur......	Vinaigrée.	Souvent aigre	Oléagineuse; parfois imperceptible.	Nulle.
Consistance.	Tendre, d'autant que le sujet est plus jeune.	Molle.	Molle et onctueuse.	Molle et très onctueuse. Plus résist. au niveau des jambons.
Coupe......	Facile. Grain délicat. Persillé absent.	Peu résistante. Grain fin. Persillé absent.	Facile. Grain grossier. A peine persillée.	Tr. résistante. Gr. fin et serré. Fortement persillée.

« Avec Miessner et Herbst, nous conseillons de faire les macérations à raison de 1 partie de viande fraîche pour 50 de solution saline phéniquée ou de 1 partie de viande salée, fumée ou de saucisson pour 25 d'eau.

« La viande à macération doit être maintenue dans un endroit frais pendant au moins douze heures ; on l'agite de temps en temps.

« Par filtration à travers un linge fin de la masse, on se débarrasse de la viande, et le liquide rose recueilli doit être clarifié d'une façon absolue. Pour cela, on le jette sur un filtre quadruple de papier, mouillé au préalable ; les premières parties qui passent à la filtration sont très troubles ; il est indispensable, pour obtenir le liquide à l'état absolument limpide, de le rejeter sur le même filtre un assez grand nombre de fois ; finalement, la filtration est parfaite.

« Il reste alors à déterminer l'origine animale de la substance qui a fourni la macération ainsi clarifiée.

« Si l'on recherche seulement l'existence de la viande de cheval dans le produit mis à macérer, il suffit d'ajouter à 2 centimètres cubes de la macération clarifiée 1 centimètre cube de sérum précipitant pour les albumines du cheval, c'est-à-dire provenant d'un lapin traité par des injections multiples de sérum de cheval.

« On place le tube contenant le mélange dans un endroit frais autant que possible, à côté d'un autre tube contenant de la macération non additionnée de sérum (tube témoin).

« C'est entre la deuxième et la sixième heure qu'il convient de relever le résultat de l'opération ; à la rigueur, on peut attendre la dixième ou la douzième heure. Si la macération ne provient pas d'un produit contenant de la viande de cheval, le tube renfermant le mélange macération-sérum reste aussi limpide que le tube rempli de macération pure que l'on prendra comme témoin. Si, au contraire, il apparaît dans le tube macération-sérum, au bout d'une demi-heure, un léger trouble qui va en s'accentuant progressivement jusque vers la sixième-dixième heure, on peut affirmer que le produit mis à l'étude contient de la viande de cheval.

« Si l'on veut déterminer si tel produit contient plusieurs viandes mélangées, on opère sur cinq tubes à la fois. On verse alors dans les tubes :

I. — 2cc macérat. clarifiée, puis 1cc sérum précip. album. du cheval.
II. — 2cc — 1cc — bœuf.
III. — 2cc — 1cc — porc.
IV. — 2cc — 1cc — chien.
V. — 2cc — pure. — Tube témoin.

« L'examen doit se faire, comme précédemment, entre la sixième et la douzième heure. Si les tubes I et III, par exemple, se troublent seuls, la macération provient d'un mélange de viandes de cheval et de porc.

« La réaction précipitante est *rigoureusement spécifique* pour le porc, le cheval et le chien, et l'on peut avoir confiance dans ses indications. Au contraire, le sérum précipitant les albumines du bœuf précipite aussi, mais plus faiblement, les macérations de mouton et de chèvre, dont les albumines se rapprochent beaucoup de celles du bœuf.

« Mais, ici encore, il est possible d'obtenir des résultats certains ; il suffit, pour cela, de déterminer au préalable, par tâtonnements et une fois pour toutes, l'activité du sérum précipitant pour le bœuf que l'on emploie et d'utiliser ce sérum à la dose minima active ; à cette dose, ce sérum ne précipitera nettement que la macération de viande de bœuf et laissera limpides, ou presque, les macérations de mouton et de chèvre. »

Diagnostic de la viande congelée. — Nous ne saurions mieux faire que de résumer en peu de lignes le procédé Maljean :

Principe de la méthode : *Aspect microscopique du sang.*

- **Sang normal.**
  - Les globules rouges ou hématies présentent une teinte jaune verdâtre.
  - Le sérum est transparent, incolore.
- **Sang dégelé.**
  - Toutes les hématies sont pâles, décolorées, déformées.
  - Le sérum ambiant est teinté en verdâtre par dissolution de l'hémoglobine chassée des vaisseaux.

Prise d'essai des hématies et aspect microscopique.

- **Sang.**
  1. Sectionner un petit vaisseau pris *loin de la surface*, le comprimer avec une pince pour en extraire une gouttelette de sang.
  2. Étaler cette gouttelette sur une lame de verre ; l'examiner soit directement sous lamelle, soit après coloration.
  3. Pour cela, étaler la gouttelette de sang en couche mince sur une lamelle, la traiter par une solution saturée d'acide picrique.
  4. Laver à l'eau.
  5. Colorer avec une solution aqueuse d'éosine.
  6. Monter à la glycérine.
  7. Observer les hématies colorées en rose, mais moins teintées que le sérum.
- **Suc musculaire.**
  1. Comprimer entre les mors d'une pince à pression continue un petit fragment de muscle pris dans la profondeur.
  2. Recueillir une gouttelette de suc musculaire et l'examiner, soit directement sur une lame de verre, soit sur lamelle après coloration, comme il est dit plus haut.

Examen comparatif.

- **Viande fraîche.**
  1. Le trajet des petits vaisseaux se dessine nettement par des traces rougeâtres ou violacées indiquant la présence du sang.
  2. La surface de section laisse écouler par pression un suc musculaire peu abondant et peu teinté.
- **Viande congelée.**
  1. Le trajet des vaisseaux est peu apparent, en raison de la décoloration des hématies ; ils paraissent vides.
  2. La section laisse écouler par pression un liquide musculaire abondant et plus teinté.

VI. — DÉSORGANISATION HISTOCHIMIQUE.

Sous l'influence de diverses impressions excitatrices, le protoplasma éprouve des troubles pouvant modifier la santé de l'individu. Le noyau lui-même, ce coordinateur de la nutrition, paraît être sous la dépendance étroite de ces impressions; c'est l'agent de support par excellence, le récepteur des actions extérieures.

L'organisme, en tant que fédération sociale d'éléments anatomiques, ne subsiste que par l'effet des ambiances qui incitent ses facultés. Il obtient l'équilibre relatif de santé par une sorte d'accommodation mise entre ses réactions propres et les influences extérieures. De ce fait, il semble que dans le microcosme de l'histochimie animale soient concentrées des activités multiples, des isoméries hérédo-structurales qui réagissent sur les parties intégrantes de l'organisme sans que celles-ci cessent toutefois d'être en relation étroite de dépendance mutuelle.

La cellule et le milieu forment toujours, au point de vue des échanges réciproques, un tout indivis, mais non inexpugnable.

Si, à un moment donné, un trouble vient perturber les actes nutritifs, l'adaptation préalable, devenue imparfaite, suscitera l'*état pathologique*. Tantôt c'est un corpuscule animé qui s'impose et bouleverse l'ordre des oxydations respiratoires, tantôt c'est une parcelle toxique qui stéatifie l'agrégat cellulaire, parfois encore ce sera une quantité impondérable de diastase, qui amorçait paisiblement le travail glandulaire et qui tout à coup devient impuissante ou nocive.

Pour conserver l'harmonie des fonctions biologiques, trois conditions sont indispensables : le maintien d'une irrigation interne suffisamment active, une restauration des éléments fondamentaux, enfin l'élimination permanente des produits de déchet. Qu'une de ces conditions disparaisse, et des groupes de cellules cesseront de remplir leur rôle. La maladie se traduira par des modifications du protoplasma, par diverses anomalies atrophiques ou hypertrophiques.

Dans les lignes qui vont suivre, nous n'envisagerons que l'enchaînement des troubles dégénératifs. Les *dégénérescences* ou dystrophies sont, parmi les altérations anatomo-pathologiques, celles qu'aucun hygiéniste ne saurait ignorer. Nous étudierons les plus fréquentes, englobant les anomalies générales de la nutrition cellulaire, prenant le terme « dégénérescence » dans sa mesure la plus étendue.

a. — DÉGÉNÉRESCENCE GRANULO-CIREUSE.

Cette altération a son siège de prédilection dans les parties cytoplasmatiques des parenchymes (*dégénérescence parenchymateuse*). Généralement le noyau est épargné, mais alors, exalté dans sa faculté de multiplication, il peut à la longue se modifier si la cause, souvent d'origine toxinique, qui le provoque, se maintient.

. Cette dégénérescence se produit au début des maladies infec-tieuses aiguës, à la suite de périodes fébriles très intenses ; elle est favorisée par des troubles circulatoires vaso-dilatateurs, par les stases veineuses, les intoxications alimentaires dues aux pto-maïnes. Dans les organes normalement très congestionnés, elle prend sur une grande surface une allure envahissante. Elle est précédée, dans son évolution, par un trouble du protoplasma (facile à reconnaître dans un foyer inflammatoire primitif) connu sous le nom de *tuméfaction trouble*. Dans les épithéliums, elle est fréquente et se caractérise, comme dans la plupart des organes glandulaires, par le gonflement des cellules. Si l'on examine le protoplasma dans une solution de chlorure de sodium à 0,6 p. 100, on le voit très finement nuageux avec de nombreuses granulations albuminoïdes. Ce trouble préalable ne constitue pas, à proprement parler, une grave lésion ; mais, lorsque les granulations acquièrent des dimensions plus grandes de façon à dissimuler la structure et à désorganiser l'albumine vivante, on parle alors de dégénéres-cence granuleuse.

État granuleux. — L'organe qui a subi longtemps la transfor-mation granuleuse est souvent déformé, décoloré et hypertrophié ; il est encore mou, infiltré de sérosité conjonctive, peu élastique.

Les muscles striés semblent avoir été cuits : les faisceaux pri-mitifs sont tuméfiés, aisément dissociables ; la substance muscu-laire est grisâtre, globuleuse, parsemée de granulations albumino-graisseuses qui, au microscope, sont toujours espacées par de petites vacuoles ; les noyaux fixent imparfaitement ou sous forme diffuse les colorants spécifiques (hématoxyline, safranine, thio-nine) ; la striation transversale disparaît peu à peu.

Dans les myocardites infectieuses du porc, on constate parfois cet aspect tout spécial que Renaut (de Lyon) nomme l'*état moiré* avec dissociation fibrillaire et perte progressive de la striation.

Souvent l'infiltration œdémateuse du tissu conjonctif et la dégé-nérescence adipeuse accompagnent l'état granuleux. Le caractère albumineux des granulations est mis en évidence par la réaction xanthoprotéique : coloration jaune intense par l'acide nitrique concentré après addition d'ammoniaque.

État cireux. — Dans l'état cireux, les molécules albuminoïdes semi-liquides, d'abord confluentes, se fusionnent dans la cellule et forment un bloc volumineux, homogène ou à peine grenu.

On l'observe principalement dans les muscles (les fibres dégé-nérées ont l'apparence de la chair de poisson) et parmi les lésions parasitaires, la trichinose par exemple. Le trajet du muscle est alternativement échelonné de parties saines et de parties quasi cireuses. Aux périodes initiales, la dégénérescence se traduit par la disparition des stries longitudinales et transversales; plus tard, la fibre se gonfle, se fragmente sous l'influence de la contraction des portions saines et se détruit ensuite. Les morceaux cireux sont transparents, gris rosé et friables; ils se colorent par le carmin, se dilatent par l'acide acétique.

L'état cireux peut apparaître chez les animaux après de longues fatigues et à la suite de contusions brutales; on le produit expérimentalement par tétanisation à l'aide de courants induits très intenses ou bien encore par l'injection intramusculaire de médicaments toxiques.

b. — DÉGÉNÉRESCENCE MUCO-COLLOÏDE.

Cette altération se présente tantôt sous l'aspect visqueux, tantôt sous forme gélatineuse.

ÉTAT MUQUEUX. — Dans la dégénérescence muqueuse, il se produit une liquéfaction visqueuse et une modification chimique de l'albumine qui donne du mucus contenant lui-même de la *mucine*. Celle-ci a une composition variable selon ses origines (glandes salivaires, vésicule biliaire, cordon ombilical); elle renferme un hydrate de carbone (EICHWALD) du groupe des pentoses (BLUMENTHAL). Le mucus des organes salivaires de quelques mollusques renferme de petites granulations glycogéniques semblables à celles qu'on rencontre parfois dans les kystes parotidiens des mammifères.

A l'état normal, le mucus infiltre plus ou moins les cellules épithéliales de l'estomac, des bronches, des voies cholédoques et intestinales, etc. La sécrétion muqueuse est une fonction défensive, surtout efficace chez les invertébrés; elle prépare en quelque sorte, dans le règne animal, l'élaboration des ferments solubles qui maintiennent le jeu de bascule du métabolisme. Déjà chez l'embryon elle participe à la charpente fibro-conjonctive et forme la gélatine de Warthon du cordon ombilical.

A l'état pathologique, elle constitue les néoplasies myxomateuses, des catarrhes muqueux bronchiques, des infiltrations myxœdémateuses (*cachexie thyroïdo-pachydermique*). La mucine existe souvent dans les endothéliomes et enchondromes des vieux animaux. Les granulations muqueuses sont colorées en bleu par la thionine, en brun foncé par la safranine.

ÉTAT COLLOÏDE. — Il est caractérisé par la présence d'une matière gélatino-mucoïde (*substance colloïde*), sorte de mélange, en proportions variables, de mucine et de produits albuminoïdes modifiés. La substance colloïde — qui ressemble un peu à la substance hyaline — diffère de la mucine *pure* en ce qu'elle se gonfle davantage sous l'influence de l'acide acétique et ne précipite pas. Elle prend avec avidité les colorations-types de l'éosine hématoxylique (violet) et du picro-carmin (jaune orangé). Assez analogue à de la colle forte très diluée, on l'observe dans le corps thyroïde, la prostate et les vésicules séminales ; elle semble être en métamorphose continuelle, plus ou moins abondante. C'est surtout dans les tumeurs kystiques de l'ovaire et dans le parenchyme du goitre thyroïdien que la substance colloïde prend un volume considérable. Dans le rein, parfois expulsée des cellules malades, elle s'engage dans l'urètre sous forme de cylindres réfringents que l'examen au microscope décèle dans l'urine. Emprisonnée dans l'organe, elle donne lieu à l'apparition de kystes, remplis d'exsudats séreux et hémorragiques.

Sur des coupes de corps thyroïde, on peut découvrir, à la limite de l'épithélium des vésicules et du contenu, des cellules imbibées par la substance colloïde dont l'aspect est brillant. Cela se voit seulement un certain temps après la mort, car sur des glandes fraîches Lübcke soutient qu'on n'observe jamais les « cellules colloïdes » décrites par Langendorff. En se coagulant, la substance colloïde se rétracte et donne lieu à la formation de vacuoles nombreuses.

c. — DÉGÉNÉRESCENCE VITRO-AMYLOÏDE.

Cette altération affecte deux états : *état hyalin, état amyloïde.*

État hyalin. — L'état hyalin, observé généralement dans les circonstances pathologiques (Recklinghausen), se rencontre parfois dans les conditions normales, plus particulièrement dans le tissu conjonctivo-fibreux. Quoique peu répandue dans l'organisme adulte de la plupart des animaux domestiques, on rencontre la substance hyaline chez les solipèdes, surtout dans les nerfs des membres, formant entre les tubes nerveux un tissu de soutènement. La corde dorsale des embryons de poissons en contient quelque peu ; chez certains poissons, du tissu hyalin forme l'appareil de soutien des centres nerveux. Dans ce tissu, les cellules conjonctives se font remarquer par la présence à leur intérieur d'une substance claire, brillante et homogène, qui remplit presque tout le protoplasma, le repousse même vers la périphérie. La masse protoplasmique montre une espèce de croissant vers un des pôles ; elle contient le noyau. Lorsque la substance hyaline devient *très abondante,* la cellule se boursoufle, prend un aspect goudronné. Caractérisée par son aspect vitreux, transparent, tantôt globulaire, tantôt en infiltration, elle se colore en rouge très intense par la fuchsine, moins intense par le picro-carmin. On obtient d'excellentes préparations par le procédé de Van Giesson : coloration nucléaire par l'hématoxyline suivie d'une immersion dans un bain faiblement aqueux d'acide picrique renfermant une parcelle de fuchsine acide. Dans cette méthode, les tissus atteints par la transformation hyaline se teignent en rouge; on y distingue le gonflement de quelques rares fibrilles conjonctives et leur fusion les unes avec les autres.

La dégénérescence hyaline se rencontre dans les maladies infectieuses à évolution lente; elle peut apparaître parfois sous l'influence de l'inanition chez les animaux cachectiques. Elle frappe la paroi des petites artères, les fibres musculaires du cœur et de l'estomac, les éléments conjonctifs du testicule, l'enveloppe fibreuse des ganglions lymphatiques. Au Chili, nous l'observons assez souvent dans les inflammations chroniques de la rate et du myocarde, chez les chiens seulement. Certaines tumeurs viscérales sarcomateuses du porc sont quelquefois envahies par d'innombrables cellules hyalines, fortement tassées, qui refoulent mutuellement leur protoplasma. Nous n'avons jamais pu déceler la lésion vitreuse chez les herbivores, mais par contre nous trouvons la dégénérescence amyloïde, surtout chez les grands ruminants.

ÉTAT AMYLOÏDE. — Signalée dès 1842 par ROKITANSKY (*dégénérescence lardacée*), cette lésion anatomique, qu'on considérait comme un dépôt de cholestérine, présente en partie les réactions chimiques des substances amylacées. En 1853, VIRCHOW a donné le nom de *substance amyloïde* à une matière, semblable à l'amidon végétal, offrant la réaction iodée. « La constatation de Virchow eut un grand retentissement, car elle coïncidait avec la découverte du glycogène dans le foie par Claude Bernard. » (CORNIL.)

SANSON signalait, quatre ans plus tard, la présence constante d'un hydrate de carbone, le glycogène, *dans le tissu musculaire*; en 1858, KÉKULÉ, opérant l'analyse élémentaire de la substance amyloïde, obtenait un corps blanchâtre formé de carbone, d'hydrogène et d'azote. En 1865, KUHNE et RUDNEFF ont montré qu'il s'agissait d'une substance albuminoïde contenant 15 p. 100 d'azote et une proportion notable de soufre. Les recherches de KRAVKOFF (1896-97) autorisent à considérer la substance amyloïde comme une combinaison d'acide chondrotinosulfurique à une matière albuminoïde.

Il existe une parenté anatomique indéniable entre ce produit et la substance hyaline. GRIGORIEFF (1895) suppose que la dégénérescence hyaline est la phase précursive de la dégénérescence amyloïde. Les investigations de LITTEN, puis celles de MAXIMOFF, ainsi que les récentes études de SCHEPILEVSKY (1899), MONÉRY (1902) et TARCHETTI (1903), ont apporté divers renseignements en faveur de cette hypothèse et du mécanisme de formation de ce processus mixte.

La dégénérescence amyloïde coexiste souvent avec la dégénérescence adipeuse, notamment dans le foie et les poumons, siège d'inflammations chroniques. Elle débute par les parois des petits vaisseaux, artérioles et capillaires, s'infiltre peu à peu dans les éléments fibro-conjonctifs, entre les cellules musculaires lisses et les fibrilles élastiques, et se localise généralement en quelques points d'un viscère. Les organes atteints sont le plus souvent le foie, les reins, la rate, les ganglions lymphatiques, les poumons et les capsules surrénales. Les muscles striés du bétail ne présentent jamais l'infiltration amyloïde. Elle est observée par Kitt dans la tuberculose intestinale des oiseaux, parmi les couches conjonctives seulement.

Dans les ostéites chroniques du bœuf, d'origine actinomycosique ou tuberculeuse, on rencontre parfois des corpuscules stratifiés vitro-amyloïdes infiltrés eux-mêmes de sels calcaires. Certaines glandes (prostate sénile) contiennent des granulations identiques, à couches concentriques, réfringentes. Dans le système nerveux central, autour de la moelle, on a vu quelquefois des corpuscules amyloïdes se colorant à la manière du glycogène.

La lésion amyloïde se révèle à nos yeux par sa transparence et la teinte grise qui domine à la surface de l'organe. Le foie durcifié, la rate-sagou, le rein-chandelle sont autant de signes, constatés à l'autopsie, qui témoignent des particularités habituelles de cette altération. On diagnostique celle-ci par une simple réaction : coloration rouge-acajou sous l'influence d'une solution iodée à 1 p. 100. Ajoutant quelques gouttes d'une solution d'acide sulfurique, après le coloris iodé, on voit la teinte rouge passer successivement au bleu violet et au violet verdâtre. — Si l'on utilise le vert de méthyle, la substance amyloïde se colore en violet, tandis que le tissu normal prend la couleur verte. — La safranine teint en jaune rouge les parties dégénérées et en rouge les cellules normales. Nous préconisons, parmi les diverses méthodes de recherche, le procédé de Birsch-Hirschfeld : les coupes, provenant de tissus fixés et durcis par l'alcool, sont recueillies dans l'alcool à 90°; on les met durant cinq minutes dans une solution de brun Bismarck dissous dans l'alcool au tiers (1 p. 50). On lave rapidement d'abord à l'alcool absolu, puis à l'eau, enfin on colore pendant dix minutes dans une solution aqueuse de violet de gentiane (1 p. 100). On décolore avec soin jusqu'à disparition de la teinte bleue par le passage dans l'eau additionnée d'acide acétique (1 p. 200). Ensuite, lavage à l'eau, déshydratation à l'alcool absolu, immersion au xylol, montage dans l'huile de cèdre. Les parties amyloïdes sont colorées en rouge, les noyaux en brun, le reste incolore. Les préparations se conservent peu de jours.

d. — DÉGÉNÉRESCENCE GLYCOGÉNIQUE.

Cette modification atrophique, fréquente dans les organes très vasculaires, se rattache intimement à l'évolution du diabète, à la chimie pathologique du foie et des muscles. Nous connaissons, d'après les données de la physiologie, un certain nombre de faits. Le travail musculaire est lié à une diminution du glycogène du muscle (CL. BERNARD). Les muscles les plus actifs sont aussi les plus pauvres en glycogène (CHAUVEAU, GROTHE, MORAT et DUFOURT); le fonctionnement des muscles est solidaire de la surproduction glycogénique du foie (CHAUVEAU); le foie est le collaborateur indirect des muscles dans l'exécution des mouvements (CHAUVEAU et KAUFMANN); la tétanisation du muscle privé de sang augmente parfois de 50 p. 100 la proportion de sucre musculaire (RANKE); le glucose tantôt augmente et tantôt diminue sous l'influence de la fatigue (MONARI); le cœur est l'organe de l'économie qui produit le plus de sucre après le foie (CADÉAC et MAIGNON).

Bien avant les premières découvertes de CL. BERNARD (1847 et 1855) (1), l'existence du sucre dans le sang avait été aperçue d'abord par BOUCHARDAT (1839), puis par MAGENDIE (1846) chez les individus recevant une alimentation amylacée copieuse. Le glycogène, substance ternaire formatrice du sucre, fut rencontré en 1853 dans les cellules hépatiques par CL. BERNARD et en 1857 dans les muscles par SANSON. Les mémorables travaux de CL. BERNARD sur la glycémie (1849) et la glycogenèse (1859), confirmés et développés par les expériences de ROUGET (1859) chez le fœtus et l'adulte, ne tardèrent pas à justifier la haute importance du processus glycogénique et à faire entrevoir sa réalité dans l'étiologie du diabète.

Dans les autopsies d'animaux diabétiques, on peut voir les cellules glandulaires et les muscles infiltrés de granulations bulleuses hydrocarbonées. Dans beaucoup de tumeurs (épithéliomes et surtout sarcomes), BRAULT a constaté une quantité considérable de glycogène, surtout dans les parties périphériques qui sont le siège d'une active prolifération de ces néoplasmes. Le glycogène accumulé dans les cellules est un aliment d'épargne et de réserve pour la genèse de cellules nouvelles qui pourront se développer aux dépens des cellules préexistantes sans être obligées d'emprunter au sang tous leurs matériaux de nutrition (CORNIL).

Cette dégénérescence, entrevue dès 1878 par PASCHUTIN, fut nettement établie par les recherches microscopiques de FRERICHS et EHRLICH (1883). Les granulations glycogéniques saturent, non seulement la cellule hépatique en particulier, mais très souvent les noyaux eux-mêmes; ceux-ci présentent alors une véritable vacuolisation.

Pour le diagnostic, tout organe riche en glycogène doit être recueilli *instantanément* dans l'alcool fort. Les coupes se colorent bien, en brun, par une solution de gomme iodée; elles sont éclair-

---

(1) CLAUDE BERNARD, *Mémoire sur le pancréas et sur le rôle du suc pancréatique dans les phénomènes digestifs.* Paris, 1856.

cies par le montage dans la glycérine ou dans l'essence d'origan. Il est utile parfois de durcir le tissu dans une solution de formaline à 6 p. 100 pendant vingt-quatre heures d'abord, puis ensuite à l'alcool absolu durant autant d'heures. Dans le foie, le glycogène, qui gonfle le protoplasma, « comme un liquide sirupeux les mailles d'une éponge » (RENAUT), se convertit rapidement en glucose.

e. — DÉGÉNÉRESCENCE ADIPEUSE.

La dégénérescence adipeuse consiste dans le dépôt insolite de graisse à l'intérieur du protoplasma. Dans les glandes mammaires et les glandes sébacées, on assiste normalement à la transformation de la matière azotée cellulaire en graisse. Avec plus de netteté, on suit une telle transformation dans le développement rapide de certaines cellules embryonnaires et, beaucoup mieux encore, dans les éléments muqueux de la glande sous-maxillaire chez les sujets mis en état de jeûne absolu. Quelques auteurs prétendent néanmoins que la graisse ne peut se former aux dépens de l'albumine, qu'elle a sa source exclusive dans l'absorption des graisses et hydrocarbures de l'alimentation. La question reste à l'ordre du jour.

En dépit des affirmations de ARTHUS, prétendant que jamais on n'a démontré la transformation des graisses en sucre dans l'organisme, on ne saurait oublier que CHAUVEAU a observé la transformation de la stéarine en glucose, selon l'équation suivante :

$$2\,C^{57}H^{110}O^6 + 67\,O^2 = 16\,C^6H^{12}O^6 + 18\,CO^2 + 14\,H^2O.$$

Dans cet acte de métamorphose, le rapport de l'acide carbonique produit à l'oxygène absorbé est de 0,27.

Dans les conditions pathologiques, tous les organes et membranes conjonctives qui contiennent de la graisse à l'état normal peuvent présenter la dégénérescence adipeuse ou *stéatose*. Parmi eux, nous citerons le foie, les reins, les muscles, la tunique interne des vaisseaux, les globules blancs du sang et des ganglions ; on l'observe dans les glandes dépuratives, dans les éléments anatomiques qui ont la plus grande activité (diaphragme, myocarde, muscles fessiers et ilio-spinaux, tuberculose hépatique, cirrhose atrophique du foie, ictère grave infectieux, affections exsudatives). Au cours des intoxications, pendant la période de résolution inflammatoire, même encore durant la phase régressive de l'évolution tumorale, on rencontre des foyers de dégénérescence graisseuse.

La stéatose peut apparaître d'emblée ou faire suite à une autre dégénérescence, telle que l'infiltration amyloïde et la dégénérescence ciro-granuleuse. Dans les reins et le foie, organes essentiellement sensibles à l'action des toxines, on constate presque toujours, après le : infecto-contagions de marche rapide, à la fois la dégénérescence adipeuse et albumineuse. Au Chili, la dégénérescence oléo-adipeuse du foie est fréquente au cours de la gourme et la plupart des myocardites du cheval sont stéatosantes ; souvent encore on trouve, chez les métis-Durham, des surcharges graisseuses considérables du cœur, du foie, des reins et du péritoine avec stéatose des gros muscles. Les lésions inflammatoires de la tuberculose sont toujours remplies de cellules finement granuleuses, adipeuses, dégénérées, souvent mortifiées par une caséification fermentative (*dégénérescence caséeuse*); auprès de ces dernières sont des cellules en voie de développement (1).

Dans ces diverses altérations, le processus se manifeste au microscope par de très petites granulations ou des gouttelettes, des triglycérides d'acides gras. Les gouttes graisseuses ont des contours réfringents, sont solubles dans l'alcool et dans l'éther, insolubles dans l'acide acétique (ce qui les distingue des granulations albuminoïdes). Elles se colorent en noir par l'acide osmique, en bleu par la quinoléine bleutée, en rouge orangé par le sudan en solution alcoolique. Avant toute coloration, les parties atteintes se reconnaissent à l'œil nu par la teinte jaunâtre ou jaune grisâtre et leur consistance collante.

Dans la recherche diagnostique, il faut éviter de fixer les fragments d'organes avec l'alcool, qui dissoudrait les principes adipeux; de même, après fixation par les bichromates ou l'acide picrique, on ne saurait abuser de l'emploi de l'éther. Si l'on utilise l'acide osmique comme colorant, n'employer que la solution faible à 1 p. 300 ou simplement en vapeurs ; en ce dernier cas, se méfier de leur action irritante pour les muqueuses.

f. — DÉGÉNÉRESCENCE CALCAIRE.

Dans cette dégénérescence, les cellules et tissus se pénètrent de particules solides formées de carbonate de chaux et de phosphate

---

(1) La « lésion caséeuse » n'apparaît pas *sponte sua*. Quant à sa nature, l'examen bactériologique confère seul une conviction. Au Chili — constatable dans la phtisie tuberculeuse du veau et le complexus caséeux du mouton — elle est actionnée par un concours de circonstances étiogéniques. Sa localisation hépatique peut se différencier macroscopiquement, en dehors des troubles anciens, étendus et conglomérés :

a. Dans la *tuberculose bacillaire* (Koch), la surface de l'organe est parsemée de noyaux blanc jaunâtre, le plus souvent du volume d'une lentille, les uns durs et saillants pouvant s'énucléer sans contrainte et laissant sur le foie une perte de substance, les autres formant des taches bien circonscrites, mais sans saillie appréciable. — Dans l'épaisseur de l'organe, mêmes noyaux, un peu plus volumineux. — Sur les bords, dans les parties les plus amincies, sont des granulations miliaires parfois confluentes sous l'aspect de nodules irréguliers, à peine soutenus par l'enveloppe fibreuse.

b. La véritable *caséose* (pseudo-tuberculose de Preisz et Guinard), toujours accompagnée d'altérations ganglionnaires, se traduit par des foyers interlobulaires, puriformes, beaucoup plus développés que les tubercules. Ce sont des grains touffus et comprimés, gris jaunâtre, qui émergent d'un lambeau vert cirrhotique, mais nullement énucléables sans extirpation. — Les cultures du bacille pyo-caséeux sur sérum gélatinisé sont indubitablement didactives.

tribasique. Les sels calcaires des organes se montrent soit comme des granulations isolées, à couches concentriques, réfringentes; soit comme des amas globulaires, pétrifiés, opaques; soit encore sous la forme d'infiltrations diaphanes ou d'incrustations situées principalement le long du trajet des fibres et fibrilles conjonctives. Dans tous les cas il s'agit du dépôt de sels de calcium ou encore. magnésiques au sein d'une substance albuminoïde d'origine cellulaire, souvent mésodermique.

Les grands herbivores manifestent une prédilection marquée pour les dégénérescences calcaires. Ce sont les inflammations lentes et chroniques des poumons et du foie qui précèdent l'apparition des dépôts calcaires. Les ganglions lymphatiques des bovidés qui ont subi à leur périphérie une inflammation sclérosante peuvent présenter des foyers de calcification en l'absence de toute empreinte tuberculeuse. Parfois, l'imprégnation calcique atteint les parois artérielles et accompagne les dégénérescences hyaline et adipeuse. Cette dernière lésion est fréquente dans l'artériosclérose humaine et peut se rencontrer chez certaines races de chiens. Dans les entérites et myocardites chroniques parasitaires, les pleurésies et péricardites anciennes, les bronchites tuberculeuses de longue échéance, les fibromes et chondromes du bœuf et du cheval, on constate journellement des altérations calcaires et pierreuses. Les plaques durcifiées de la plèvre, les broncholites *entejados*, les calculs intestinaux, les nodosités costales, les choux-fleurs de la pommelière, les grains riziformes des vieilles arthrites sont autant d'exemples d'incrustations calcaires bien connues des cliniciens. Chez les juments chiliennes, on rencontre quelquefois à l'intérieur des kystes ovariens des pétrifications calcaires enveloppées d'une gangue gélatino-muqueuse qui se colore en brun par l'acide osmique et en rose pâle par l'éosine à l'eau. On détermine la nature des sels calcaires en les attaquant par les acides chlorhydrique ou sulfurique : le phosphate tribasique insoluble ($PhO^5 3CaO$) se transforme en phosphate acide de chaux (PhO^2CaO, $2HO$) qui est soluble. Il subsiste après la réaction une substance albuminoïde dépourvue de structure. Des champignons du genre *Oospora* déterminent parfois dans les tissus connectifs des calcosphérites à couches imbriquées ou des dystrophies ossifiantes.

g. — DÉGÉNÉRESCENCE ŒDÉMATEUSE.

A la suite de maladies congestives et dans le cas d'obstruction des capillaires, les organes et tissus sont plus ou moins distendus par des *œdèmes*. Dans les muscles, on observe alors la disjonction des faisceaux primitifs en même temps qu'un infiltrat leucocytaire du lacis conjonctif. Le séjour des œdèmes en certaines régions, l'hyperimbibition durable des éléments cellulaires suffisent à établir des sortes de fluxions séreuses dont la genèse est identique à celle des infiltrations en général. Beaucoup d'entre elles ne relèvent que de la tension vasculaire par les parasites. Ce sont des œdèmes mous, dépressibles, qui boursouflent les viscères. Leur présence dans les poumons et l'intestin est très commune chez les ruminants; elle justifierait, à notre avis, l'expression de *pneumo-entérite œdémateuse*. La sérosité épanchée à travers les lobes pulmonaires est le plus souvent rose et translucide, tandis que l'enflure sous-muqueuse de l'intestin renferme un liquide jaunâtre et trouble, parfois hémorragique.

Chez le cheval et le porc, l'empâtement œdémateux se remarque fréquemment au niveau des espaces portes dans la congestion hépatique, ce qui constitue un obstacle à l'écoulement de la bile.

Parmi les agents efficients de l'œdème, la « bactérie ovoïde » provoque cette lésion d'une manière constante chez des animaux n'ayant aucun stigmate de chronicité. Dans cet ordre de faits, il faut parler d'un groupe de maladies essentiellement œdémateuses réalisées par l'association de ce microbe à des zooparasites. C'est en quelque sorte un mélange syncrétique. Représentées toutes par un processus d'évolution aiguë, d'apparence univoque bactérifère, on peut reconnaître en chacune d'elles la septicémie hémorragique (HUEPPE) compliquant une zoonose.

Cette dernière, généralement de marche lente (strongylose, distomatose, échinococcose, coccidiose), ajoute ses effets œdémato-gènes à ceux d'un bacille à espace clair du type choléra aviaire.

Il en résulte une septicémie mixte dont la gravité implique des conditions étiogéniques peu connues, variables selon les espèces. Chez le cheval et le porc, la maladie évolue rapidement, semble accélérée sous l'influence de bactéries concomitantes telles que le streptocoque gourmeux et le colibacille, notamment dans les formes intestinales, pulmonaires et méningées.

Chez les ruminants (veau, mouton), l'infection proprement dite paraît relativement secondaire, alors même qu'elle est associée à un état morbide, comme la colibacillose. Pour eux, la cachexie progressive est surtout conséquence et fonction de l'infestation vermineuse; celle-ci confère d'abord le pouvoir propre aux agents vecteurs et inoculateurs et, plus encore, l'anémie par altération du sang avec intoxication des tissus. A cette influence déprimante peuvent s'ajouter parfois des dégénérescences variées, consomptives, qui sont l'œuvre de microbes divers. Ces microbes, nous les rencontrons au Chili jusqu'au détroit de Magellan chez les *moutons* en particulier. Durant l'hiver 1901-1902, ils furent la cause de morts nombreuses parmi les immenses troupeaux qui peuplent le Sud-Amérique.

Mettant en pratique les procédés de Veillon, Beng et Jensen (les cultures sur gélose sucrée en couche profonde, etc.), nous avons trouvé des microcoques et diplobacilles filiformes, anaérobies facultatifs, dans les régions suivantes : autour du myolemme, dans les fentes intertissulaires, sous la capsule des ganglions mésentériques, au niveau des adhérences intimes que la cellule hépatique contracte avec les capillaires sanguins, à la périphérie de l'exsudat croupal et au contact des fibres musculaires de l'intestin en partie dégénérées, enfin au sein de l'endothélium pulmonaire.

Nous signalerons également un fait mis en lumière par les réactifs : la présence dans les exsudats séreux d'une véritable saccharification produite par dialyse glycogénique. Pour nous, ces microbes, — dont les caractères sont voisins de ceux du *B. necroseos*, — n'étant point *strictement anaérobies*, méritent une mention auprès des bactéries réunies par Bunzl-Federn dans ses essais de taxinomie.

En ce qui concerne les bactéries ovoïdes, dont nous constations dès 1896 de nombreuses variétés chiliennes, ce sont des saprophytes dont l'avidité pour les aliments sucrés égale celle des bacilles nécrotiques. Comme ceux-ci, elles convoitent le milieu intérieur et recherchent le sérum sanguin. Elles trouvent, dans les cultures artificielles, les éléments nécessaires : le mélange gélose-sérum est un de ceux qu'elles préfèrent.

Elles ne deviennent parasites que dans des circonstances exceptionnelles. Leur caractéristique est de ne pouvoir acquérir la virulence qu'entre certaines limites de végétabilité, par quelques influences cosmiques ou d'adaptation et par le contact de parasites introduits par l'influence de causes occasionnelles. Nous trouvons la *bactérie ovoïde* ou sa succédanée, la pasteurelle, chez des animaux en bonne santé dans les humeurs normales ; elles paraissent s'adapter à ces milieux et au parasitisme.

Dans le sang, elles se montrent atténuées ou indifférentes parce qu'elles séjournent là dans une enceinte incessamment renouvelée, dans un lac intérieur qui s'épure de façon continue. Mises en culture, elles s'imprègnent des produits de leur excrétion, végètent dans une atmosphère confinée qui leur est défavorable; en un mot, les exigences de ce nouveau milieu leur font éprouver des variations morphologiques suivies d'inégalités dans leur virulence.

La bactérie de Hueppe est peut-être un paracoli perfectible en cours de transformation, qui, en remontant à l'origine des espèces, doit appartenir à la souche commune des bacilles d'Eberth et d'Escherich. Il serait intéressant et non moins utile de pouvoir fixer les variations naturelles de forme et d'indiquer l'état définitif de virulence de chacune d'elles.

Le bactériologiste, aussi apte à la généralisation qu'à la patiente recherche des détails, doit chercher à déterminer le polymorphisme si significatif de cette bactérie, afin d'en préciser la malléabilité et les virulences corrélatives. Voilà la question délicate, utile à résoudre, car elle permettra d'ériger sur des bases rationnelles des caractères biologiques communs qui suffiront à créer un groupement homogène, unique substruction des septicémies hémorragiques.

Déjà LIGNIÈRES a démontré — par ses travaux auxquels nous rendons justice — la nécessité de réunir ces microbes au genre *Pasteurella*. Il établit un certain nombre de caractères *spécifiques*, d'une valeur relative. Les signes donnés, encore de sens trop peu définis, ne sauraient constituer actuellement la base d'un système de classification.

h. — DÉGÉNÉRESCENCE NÉCROBIOTIQUE.

A un degré le plus avancé de l'évolution régressive se place un processus qui aboutit fréquemment à la mort graduelle des éléments histologiques. Nous avons ici affaire à une mortification locale et partielle des tissus, c'est-à-dire à la *nécrose, nécrobiose* ou *gangrène*.

Toutes les perturbations profondes, de longue durée, peuvent avoir pour conséquence la dégénérescence nécrobiotique. Les substances toxiques (phosphore, arsenic) et caustiques (bases alcalines, sels métalliques, acides minéraux), les sécrétions bactériennes en circulation dans le sang, les lésions d'embolie et de cachexie des organes insuffisamment irrigués, les déchéances inflammatoires des parois artérielles, les troubles vaso-moteurs, etc., sont les conditions fâcheuses les plus communes qui font fléchir la résistance de l'organisme et, souvent, par l'union de leurs efforts destructifs, préparent la gangrène.

Au nombre des circonstances étiologiques, on cite à la fois le jeune âge et la pénurie nutritive comme étant des causes prédisposantes ; les dégénérescences initiales consécutives aux inflammations parasitaires sont encore envisagées comme les signes préalables du début.

Parmi les agents effectifs, mettons en première ligne les microbes strictement anaérobies (*B. Chauvæi, B. ramosus, B. serpens, Streptothrix cuniculi*, etc.), dont la nocivité est bien nette, puis au second plan certaines bactéries atténuées, anaéronécrosantes, étudiées par BANG, JENSEN, MACÉ (de Nancy), etc.

Voici une méthode pour déceler le *B. necroseos* : les coupes sont plongées, après les préliminaires d'usage, pendant quelques minutes dans une solution de toluidine-safranine. Elles sont déshydratées dans une solution alcoolique de safranine et traitées successivement par : mélange d'essence de girofle et de fluorescéine, essence de girofle pure, alcool, solution aqueuse de vert de méthyle, alcool, xylol et baume. Les bacilles prennent une teinte rouge, tandis que les tissus se colorent en vert.

La gangrène envahie par la putréfaction est toujours d'origine microbienne.

Les agents, peu individualisés, des septicémies hémorragiques qui peuvent vivre alternativement à l'air et à l'abri de l'air sont cependant capables d'occasionner, chez le porc, des altérations nécrobiotiques. Au Chili, par exemple, on observe des lésions intestinales en partie identiques à l'entérite gangreneuse de SALMON. On remarque, au milieu d'une exsudation diffuse et d'une hyperémie limitée, des masses et des plaques brunes ou jaune orangé, friables, pultacées, d'apparence fibrinoïde, sous lesquelles sont des foyers de nécrose; à leur périphérie, généralement le chorion muqueux est épaissi.

Au point de vue du diagnostic, la gangrène se présente sous deux formes principales : la forme *humide* et la forme *sèche*, entre lesquelles s'interposent une foule d'états similaires. La première ou *colliquative* diffère de la forme sèche ou *coagulante* par son odeur fermentative essentiellement fétide, et sa plus grande richesse en eau dite *d'imbibition*. L'une est une gangrène septique, l'autre une momification aseptique.

Avec la nécrose, tout tissu peut subir divers changements, tels que l'infiltration calcaire, la dégénérescence caséeuse, qui le mettent quelquefois hors de service. Les foyers nécrotiques se rencontrent assez fréquemment : parenchymes tuberculeux, abcès ramollis du pancréas, du foie et de l'épiploon, sphacèles pulmonaires et parotidiens, escarres traumatiques cutanées, paraphimosis malin de la verge, etc.

i. — DÉGÉNÉRESCENCE CANCÉREUSE.

Le cancer est une dégénérescence proliférative des cellules épithéliales; il se traduit par des productions morbides irrégulières, le plus souvent généralisées, toujours très actives. La multiplicité de forme des cellules cancéreuses et leur rapide envahissement à travers les tissus du voisinage justifient bien le mot de BARD : « une anarchie cellulaire ». Il est question ici d'un processus d'hypertrophie dont l'intensité est telle qu'il perfore la membrane limitante de base. La question de l'étiologie cancéreuse a divers points de contact avec celle du développement des tumeurs en général, ainsi que des analogies profondes avec le mode évolutif de certains protozoaires dont la reproduction a lieu à l'aide de spores. Par sa physionomie clinique, la cachexie spéciale qu'il amène, par les lésions des viscères et son mode de propagation, le cancer éveille l'idée d'un processus infectieux. La conception parasitaire, apparue ces dernières années, n'a fourni cependant jusqu'à ce jour que des notions incertaines, à la fois contradictoires et paradoxales. De plus, les soi-disant levures extraites des tumeurs cancéreuses n'ont été constatées que lors d'épreuves faites sans précautions antiseptiques.

De toutes les variétés de tumeurs cancéreuses, la principale et la plus fréquente est sans contredit l'*épithéliome*, néoplasie maligne ayant son type embryogénique dans le tissu épithélial et le plus souvent sa matrice dans les épithéliums stratifiés. Rappelons que tout *épithélium* (nom donné par RUYSCH) est composé de cellules disposées en couches de revêtement dépourvues de vaisseaux et que les éléments anatomiques y sont soudés de manière intime par une substance agglutinante.

Les néoplasmes épithéliaux ou *cancroïdes* s'observent très souvent au Chili, d'abord chez la chienne (cancer mammaire et parotidien), puis chez le chat (cancer nasal) et le cheval (cancer labial et sus-costal), habituellement à l'état d'épithéliome pavimenteux et d'épithéliome cylindrique. Ces masses épithéliales, dures, souvent à centre ulcéré et croûteux, reposent sur une base sous-jacente fibro-conjonctive très peu développée, riche en cellules épithélioïdes, pauvre en fibrilles élastiques. Au niveau de la commissure des lèvres et à la périphérie, on peut découvrir quelquefois les caractères de l'épithéliome lobulé associés alors à ceux de l'adénome sébacé, surtout lorsqu'on fixe son attention vers les parties qui tendent à atteindre le centre; mais, en ces cas, les dégénérescences des cellules épithéliomateuses sont tellement variées qu'elles donnent aux coupes un aspect bizarre de signification forcément indécise.

ÉPITHÉLIOME PAVIMENTEUX. — Celui-ci, dérivé d'un revêtement cellulo-stratifié, se constate sur les muqueuses dermoïdes et la peau. Sa surface de section est ordinairement grise et tachetée de ponctuations opaques. Par raclage, on obtient un suc avec des amas cellulaires colorables par le picro-carminate d'ammoniaque. Les cellules, observées sur les coupes d'ensemble, sont polygonales, aplaties par leurs adhérences mutuelles; au fur et à mesure qu'elles approchent du centre, elles deviennent plus ou moins cornées; leur noyau, très volumineux, présente une coque rayonnante ou bien encore des filaments polaires souvent sinueux. Parfois les groupements épithéliaux sont au milieu d'un stroma fibreux ou bien encore de cellules conjonctives dégénérées, et l'on voit alors les éléments épithéliaux petits, dentelés, de dimensions égales, sous l'aspect de traînées fines, filamenteuses, anastomosées en général.

BRAULT fait remarquer que l'éosine donne aux cellules épithéliomateuses une coloration rose orangé, bien différente de la teinte rose que prennent les cellules des épithéliums physiologiques; qu'en outre, la thionine colore les parties centrales en vert, alors que les autres cellules conservent une teinte bleue pouvant aller jusqu'au violet.

ÉPITHÉLIOME CYLINDRIQUE. — Il est caractérisé par des cavités acineuses, situées au milieu d'un stroma à peu près muqueux, sur la paroi desquelles s'implantent, dans un sens perpendiculaire, une ou plusieurs couches de cellules cylindriques d'origine épithéliale.

Le cancer à cellules cylindriques siège habituellement sur les membranes muqueuses (fosses nasales, intestin, utérus, vagin, poumon, mamelle); il est souvent infiltré de cellules connectives et renferme de la matière colloïde, des particules graisseuses, ou simplement des blocs de mucus. Chacun de ses éléments offre, du côté de la partie libre, un plateau à double contour ou bien encore une dilatation concave; ils sont alignés en général en une seule couche reposant sur un canevas très vasculaire.

j. — DÉGÉNÉRESCENCE NODULEUSE.

Dans bien des maladies, des cellules migratrices se concentrent autour des agents infectieux, participent aux défenses phagocytaires durant lesquelles elles éprouvent diverses mutations, variables selon la complexité et le pouvoir dystrophiant de l'agent provocateur. Leur agglomération sous forme de *nodules*, souvent caséeux et à parois sclérosées, leur stroma réticulé ou linéamenteux et leur multiplicité lente, mais imminente, nous autorisent à placer les « granulations nodulaires » dans le groupe des dégénérescences.

A ce point de vue, il conviendrait de spécifier les caractères de toutes les lésions dites *nodo-tuberculiformes*, et, si possible, de différencier les pseudo-tuberculoses, saccharomycoses, etc. Il faudrait préciser les conditions de formation des *tubercules*, leurs divers modes d'arrangement, ainsi que la signification des éléments modifiés (cellules embryonnaires, épithélioïdes, géantes). Tous ces faits ne sauraient être étudiés avec fruit que par un examen comparatif. — La même remarque s'applique à un grand nombre d'infestations helminthiques.

Parmi les processus noduleux, nous signalerons l'actinomycose, la tuberculose et la morve, tous transmissibles à l'homme par les organes de l'alimentation.

Délaissant le trouble matériel, sur lequel nous reviendrons dans un travail ultérieur, nous allons fournir, avec une ébauche historique impartiale, la caractéristique tirée de la morphologie de leur parasite.

ACTINOMYCOSE. — L'actinomycose est une affection, commune à l'homme et aux animaux mammifères, dont la nature fut longtemps ignorée. Ce sont les investigations des vétérinaires, qui observaient souvent chez le bœuf l'*ostéosarcome*, le *sarcome fibreux*, le *knochenwurm*, qui fixèrent le signe pathognomonique de la maladie. Celle-ci se caractérise par la présence dans les tissus de néoformations ou nodosités déterminées par un champignon pléomorphe.

De tous les animaux, les ruminants adultes sont particulièrement affectés; après eux, l'homme et le porc, parfois exposés à l'infection, sont plus rarement atteints.

Dans la République Argentine, les « gauchos » lui donnent le nom de *papera*. Il semble qu'au Chili cette expression soit réservée plus spécialement aux altérations phlegmono-gourmeuses du poulain (lésions péri-parotidiennes et sous-maxillaires). La vulgaire *papera* est caractérisée par la consistance semi-molle, chaude et sensible de la grosseur.

C'est dès le début du XIXe siècle que les vétérinaires français signalèrent ces tuméfactions volumineuses, souvent ulcérées, qui siégeaient principalement sur la mâchoire inférieure des bovidés. En 1826, LEBLANC (1) en donne une description (ostéosarcome) et invoque le traumatisme, les coups de corne, comme circonstance étiologique. RIVOLTA rencontre dans ces tumescences des « éléments en forme de bâtonnets », mais il n'y voyait là que des débris concrétés (2).

En mars 1875, PERRONCITO (3) découvre dans les ostéosarcomes des « productions cryptogamiques », soupçonnant ainsi leur nature. La même année, RIVOLTA (4) complète sa première constatation, signale et décrit des « corpuscules discoïdes composés de bâtons rameux ». — BÖLLINGER (5), en 1877, démontre la permanence du parasite dans les formations mandibulaires des ruminants, et HARZ le représente sous l'aspect d'un champignon (*Actinomyces bovis*), terme exprimant à la fois sa nature, son dispositif radié et son origine (6).

Une multitude d'études cliniques et expérimentales ont vu le jour dans ces vingt-cinq dernières années (7). Entre les notions

---

(1) LEBLANC, *Journ. de méd. vétér.*, 1826, p. 333.
(2) RIVOLTA, *Medico veter.*, 1868, p. 125.
(3) PERRONCITO, *Encycl. agric. ital. di Dr. Cantani*, t. III, 1875, p. 569.
(4) RIVOLTA, *Giornali di Anat. e Fisiol.*, 1875.
(5) BÖLLINGER, *Deutsche Zeitschr. f. Thiermed.*, 1877, t. III, p. 334.
(6) HARZ, *Jahresbericht der konigl. Centr.-Thierarzneischule z. München*, 1877-78.
(7) Voy. NOCARD et LECLAINCHE, *Maladies microbiennes des animaux*, 3e édition, t. II, p. 339.
Ajoutons un détail rétrospectif, car il laisse supposer que *Lebert* avait connaissance de l'actinomycome. Il est donné par *Böllinger* (Mémoire communiqué le 16 mai 1876 à la Société de morphologie de Munich) dans les lignes suivantes : « Je ne connais qu'une seule

essentielles nòus devons mettre en lumière la médication iodurée de Thomassen (1885). L'agent causal de l'actinomycose ou actinomycète (*Actinomyces bovis, Oospora Harzii, Nocardia bovis, Streptothrix actinomyces*) se présente dans les tissus sous forme de petits grains jaunes, opaques, onctueux au toucher, « comparables à des grains d'iodoforme finement pulvérisés», selon Bérard. Ces grains sont généralement d'un jaune d'or, gris-perle quand ils sont jeunes et quelquefois noirâtres lorsqu'ils sont dans des foyers en putréfaction. Chacun d'eux, facile à écraser, montre une zone centrale de filaments mycéliens et une zone périphérique de filaments claviformes sous l'aspect d'une couronne radiante. Le mycélium central est constitué par un feutrage inextricable de filaments contournés, flexueux, de longueur variable. Les massues périphériques ou *crosses* sont des saillies piriformes, quelques-unes irrégulièrement sphériques, parfois bifurquées, appendues au mycélium par un pédicule qui se prolonge au centre de la crosse par une sorte de canal. Ces renflements, loin d'être des organes sporifères, comme on l'avait cru, ne sont que les phases optima du développement avec ou sans dégénérescence; ils peuvent s'infiltrer de sels calcaires et, lorsqu'ils sont en liberté, subir une désintégration progressive.

On les rencontre alors, parmi des bactéries adventices, représentant des corpuscules mûriformes, des amas plus ou moins striés concentriquement, des grumeaux de teinte jaune pâle ou grisâtre, etc., en un mot avec des caractères variables de vitalité selon qu'on a devant soi le parasite jeune ou à l'état adulte, suivant qu'il doit être associé aux microorganismes pyogènes ou encore en symbiose avec des moisissures voisines.

Les actinomycètes jeunes sont le plus souvent groupés sous l'aspect de granulations blanchâtres et gluantes, tandis que les grains jaunes et calcifiés correspondent aux longues périodes évolutives du champignon adulte. Les premiers, très contagieux pour les animaux, ne se développent bien que sur les céréales humides dans les milieux en semi-aérobiose naturelle.

Pour approfondir l'étude de la structure et de la signification des crosses, on peut prendre pour guide les recherches comparatives de Friednich (1897-99) et celles de Lignières et Spitz (1902). On considère les crosses comme une forme d'accroissement, une sécrétion isolatrice exsudée du parasite dont la production survient à la suite de la lutte avec les cellules des tissus environnants.

planche représentant cette tumeur; elle se trouve dans le beau livre de Lebert, *Traité d'Anatomie pathologique*, Atlas, t. I, pl. XXVII, fig. 6-9. »
Cette allusion vise une néoplasie que *Lebert* nomme « tumeur fibro-plastique » dans son *Anatomie pathologique générale* (1855-61) : elle n'entraîne donc pas l'affirmative.

TUBERCULOSE. — Dès 1865, VILLEMIN soutenait que « la tuberculose est une affection spécifique dont la cause réside dans un agent inoculable, un virus, qui doit se retrouver dans les produits morbides qu'il a déterminés par son action directe sur les éléments normaux des tissus affectés ». Il démontrait, en outre, par l'inoculation, la nature tuberculeuse de la *pommelière* du bœuf. Considérée bien auparavant par PIDOUX comme « une hétéroplasie du système lymphatique » et quoique vaguement différenciée par LAENNEC des autres états morbides par les caractères macroscopiques des lésions, la tuberculose bovine fut nettement reconnue transmissible (par ingestion et injection) à la suite des expériences de CHAUVEAU (1868). Des tentatives culturales, couronnées de succès, dues à KLEBS (1877) et TOUSSAINT (1881), reprises méthodiquement et perfectionnées par KOCH (1882), lui permirent d'isoler un bacille, universellement semblable, le parasite des tuberculoses communes (1).

Le bacille tuberculeux (*Bacillus tuberculosis, Oospora Kochii, Tuberculomyces bovis*) se rapproche de l'actinomyces par certains aspects morphologiques et du nodule actinomycosique par ses caractères réactionnels. Il a la forme d'un fin bâtonnet, long, mais d'épaisseur uniforme, droit ou peu infléchi, légèrement courbe à l'une de ses extrémités.

Les bacilles, souvent groupés en amas, sont « quelquefois comme brisés et formés de segments articulés à angles très ouverts », selon STRAUS. Fréquemment, on observe dans leur protoplasma des zones ovalaires, réfringentes, rebelles aux colorants, qui alternent, dans un ordre régulier, avec les zones colorées. Dans les vieilles cultures et les semis maintenus à une haute température, leur polymorphisme est dénoncé par des formes ramifiées avec des renflements en massue (METSCHNIKOFF, NOCARD et ROUX).

Enfin, on décrit au bacille de KOCH une membrane d'enveloppe qui lui donne la propriété de résister, après faible coloration, à l'action des acides.

La forme bacillaire du microbe, dit METSCHNIKOFF, « ne représente pas un stade définitif, mais seulement une phase du stade évolutif d'une bactérie filamenteuse ». La présence des formes ramifiées et bourgeonnantes laisse prévoir des rapports de parenté entre ce microbe et l'actinomycète (FISCHEL, HUEPPE). Les travaux de COPPEN-JONES, BABÈS et LEVADITI, FRIEDRICH et NOSSKE, MOREL et DALOUS, sur les formes actinomycosiques du bacille de la tuberculose, sont des plus appréciés par les morphologistes. On peut y voir une certaine analogie avec les formes rayonnées de l'actinobacille (2).

(1) Pour la démonstration expérimentale de l'unité de la tuberculose, voy. ARLOING, *Journ. de méd. vétér.*, Lyon, mai 1903.

(2) Au Chili, l'actinobacillose se rencontre dans le foie et les ganglions du tractus digestif chez le *veau* :

1º Le foie, hypertrophié et friable, présente de fins nodules blanchâtres, confluents, peu

Morve. — La morve est une maladie contagieuse inoculable, particulière aux équidés, due à la pullulation d'un bacille spécifique.

Sa contagion naturelle, connue à travers les âges de l'humanité, ne fut à peu près admise qu'à la suite d'une tentative expérimentale du vétérinaire danois Viborg (1797), qui réussit à obtenir les lésions typiques par inoculation du pus morveux.

Pendant de longues années, la question de la contagion et de la spontanéité de l'affection farcino-morveuse est soumise aux inductions dogmatiques les plus contradictoires. Aux faits d'expérimentation, notamment de Gohier, Travers et Coleman (1826), Chabert (1829), Elliatson (1833), Rayer (1837), Leblanc (1839), on oppose les arguments de la doctrine broussaisienne. Les recherches décisives de Saint-Cyr (1863) viennent alors démontrer nettement son inoculabilité. La même année, Virchow apporte une étude du tubercule morveux pulmonaire, tandis qu'auparavant Leisering (1862) achevait de décrire les diverses lésions en signalant, de plus, la morve infiltrée. En 1876, Renaut (de Lyon) compare les lésions aiguës du poumon et insiste sur l'aspect des noyaux au centre des nodules morveux. De 1877 à 1881, Rabe consacre une série d'études aux diverses localisations ; il analyse, avec sagacité, les granules chroniques et les altérations des muqueuses.

L'agent figuré de l'affection fut isolé et cultivé simultanément en France par Bouchard, Capitan et Charrin, et en Allemagne par Loeffler et Schutz, en décembre 1882. Plus tard (1890-91), les vétérinaires russes Helman et Kalning obtinrent avec les cultures stérilisées du bacille un réactif diagnostique (*malléine*) qui surprend la lésion morveuse la plus discrète.

Le microbe de la morve est un fin bâtonnet rectiligne, parfois légèrement tordu, à pointes mousses, assez analogue, mais plus épais, que celui de la tuberculose. Après coloration par les méthodes connues, on voit son protoplasma hétérogène présentant des parties colorées disjointes par des vacuoles incolores; on y distingue d'habitude cinq points sombres qui alternent avec cinq points clairs (Czokor). Sa culture sur pomme de terre s'accuse par un faisceau de signes caractéristiques : enduit d'abord jaunâtre et transparent, plus tard couche épaisse, luisante, visqueuse, qui bientôt se fonce de plus en plus, devient couleur café au lait ou brun-chocolat clair. Dans les cultures anciennes, les bâtonnets sont larges, irréguliers, groupés en petits amas ; cette tendance à

---

en saillie sous la fibreuse, mais fermes, parfois dispersés sur le trajet de la veine porte ; 2° les ganglions connexes, hypertrophiés dans le sens de la longueur, sont gorgés d'un pus crémeux. — Les anses intestinales contractent des adhérences grises et lâches avec la capsule hépatique.

faire des amas se note également dans les tissus malades. Quand ils sont en groupes, on les voit entourés d'une zone claire assez large, en sorte qu'ils ne se touchent pas les uns les autres (BABÈS).

k. — DÉGÉNÉRESCENCE PUTRIDE.

La dégénérescence putride ou *putréfaction* n'est autre chose que la décomposition progressive des matières organisées mortes par des microbes anaérobies. Elle est accompagnée de la formation de gaz divers et de bases particulières appelées *ptomatines* ou *ptomaïnes*, souvent associées à des ferments albumo-peptones (les *toxalbumines*) à molécules complexes.

Ce processus général est le résultat des gangrènes colliquatives, elles-mêmes de source bactérienne, mais nous avons en vue dans ce paragraphe la mort totale de l'individu en tant qu'unité pluricellulaire, sa cadavérisation en présence de l'air ambiant, en dehors de la simple nécrobiose.

Des recherches expérimentales sur les matériaux pondérables de la putréfaction ont été entreprises, dès 1808, par GASPARD, qui étudiait les accidents dus à l'inoculation des matières animales putrides ; elles furent reprises et étendues plus tard par le même auteur et par MAGENDIE (*Journ. de physiol. de Magendie*, 1822, vol. II, et 1823, vol. III). A ce propos, qu'il nous soit permis de faire constater qu'en 1823 BARTHÉLEMY réalisait la transmission du *charbon*, au cheval et au mouton, par l'inoculation et l'ingestion de sang charbonneux, résultat de haute importance qui fut malencontreusement interprété en faveur de la nature putride de l'affection (1).

Durant une cinquantaine d'années, bien des essais, auxquels s'associent les noms de PANUM, DUPRÉ, PASCHUTIN, ARMAND GAUTIER, etc., n'avaient pu parvenir à isoler les diverses substances qui prennent naissance dans la décomposition *post mortem*. En 1877, SELMI — qui déjà avait démontré la présence d'alcaloïdes dans les cadavres (1870 et 1874) — obtint le premier les bases putréfactives ou ptomaïnes à l'état presque pur.

(1) L'examen microscopique met en garde contre les erreurs de ce genre. Dans le sang, le *Bacillus anthracis* (bactéridie de Davaine) se trouve sous l'état bacillaire : bâtonnets réunis souvent par deux ou trois. franchement rectilignes, presque rigides, homogènes, diaphanes, sans spore, avec des extrémités anguleuses très finement dentées. En général, il est constitué d'un réticulum nucléaire entouré d'une mince couche protoplasmatique hyaline. En dehors de l'organisme, on observe de grands filaments agglomérés, mais chacun d'eux pris à part ne représente pas une véritable ramification dichotomisée. Ce sont des streptobacilles emprisonnés dans une gaine commune délicate, quelque peu dilatable. Souvent aussi les cultures obtenues à des températures supérieures à 42° renferment des *fausses spores* qui n'ont point les propriétés botaniques des spores reproductrices ; on les trouve, par exemple, dans les cultures faites sur milieu antiseptique.

En ce qui touche la structure des spores charbonneuses, les opinions divergent. Pour *Prazmowsky*, la partie réfringente serait un protoplasma muni d'une fine membrane résistante ; d'autre part, selon *Ilkewicks*, certaines spores contiendraient un noyau noirâtre.

Les travaux postérieurs de Selmi, Armand Gautier et Brieger ont fait connaître un grand nombre de bases cadavériques définies chimiquement : triméthylamine, saprine, cadavérine, putrescine, neurine, choline, neuridine, etc.

Certaines d'entre elles se rencontrent dans toutes les putréfactions (neuridine); d'autres, au contraire, sont spéciales à la pourriture des viandes des mammifères (neurine) ou à celle des poissons (muscarine), voire même aux fromages (tyrotoxine). En général, la toxicité des produits putrides est en raison directe de la complexité chimique des matières soumises à la putréfaction (Kostiurine et Krainsky).

Dans les humeurs et sérosités infectes des parties mortifiées, en déliquium, on trouve des bacilles anaérobies, mélangés à quelques germes aérobies, qui favorisent l'action des premiers ; tous ces microbes, extrêmement pléomorphes, provoquent par inoculation des septicémies gangreneuses et intoxiquantes. Ce sont le vibrion septique de Pasteur, les bactériums d'Arloing, les bâtonnets fluorescents, les microcoques blancs et fétides, les divers *Proteus* dans leurs phases éphémères, le *Bacillus putrificus* (Bienstock), le *Bacillus perfringens* (Fraenkel) et les types nouveaux de Tissier et Martelly : *Bacillus bifermentans sporogenes*, *Bacillus gracilis putridus* et *Diplococcus magnus anaerobius*, qui s'assemblent sur les dépouilles dont ils font leur proie. Sous le rapport de leurs fonctions chimiques, ces différents microbes se divisent en deux groupes principaux : ferments mixtes et ferments simples. Les premiers attaquent à la fois les hydrates de carbone et les substances protéiques ; les ferments simples, au contraire, n'agissent que sur les matières albuminoïdes.

Pendant la désagrégation de la matière organique, parfois même sous l'influence des réactions hyperalcalines, les cellules des divers tissus continuent encore à vivre quelques heures après la mort de l'individu. L'histologie fait voir des cellules du système nerveux et du foie en voie de division après la mort de l'animal. D'autre part, la physiologie prouve que la contracture cadavérique est un phénomène de vitalité, indice de survie du protoplasma des muscles : la rigidité n'est donc pas un signe certain de la mort ; elle est due à la coagulation de la myosine, prélude de la mort totale.

Sur les cadavres, les altérations, dénoncées par le microscope, débutent par les noyaux. Ceux-ci présentent une coloration diffuse, jaspée de granulations à chromatine, puis peu à peu ils se fragmentent et se liquéfient.

Dans le protoplasma, l'albumine se coagule, s'infiltre de chromatine, se trouble, et les différents granules du contenu se dissocient, exhalant une odeur fétide.

Ainsi donc, après avoir été le théâtre d'actes tumultueux, après avoir subi les vicissitudes du conflit vital, la dégénérescence putréfactive nous montre de nouveau la matière organisée qui s'ajuste aux conditions extérieures ou du milieu géologique qui lui sont faites à nouveau. Dès ce moment, l'organisme, dégagé des influences qui le tenaient en échec et lui furent fatales, est entraîné dans le cycle incoercible de la désintégration : il se minéralise à la longue, restitue ses éléments au cosmos.

La nature implacable n'a aucune tendresse pour l'individu, et, pour employer l'expression de RENAN, elle est « d'une immoralité transcendante ; elle est l'injustice même ». Il est vrai que sa prodigieuse activité se déploie toujours, mais ne se dépense qu'au profit de l'évolution universelle.

Pour triompher des obstacles à l'éternelle continuité de la vie générale, la mort trouve dans les ferments les agents actifs de sa suprême fonction économique.

D'après cette conception, le ferment reçoit du protoplasme une certaine dose d'énergie ; il est, selon BUCHNER, une matière demivivante ; c'est, en tout cas, l'expression fidèle de la matière dépourvue de vie. Le pouvoir fermentatif nous apparaît dès lors comme une propriété physique de la matière, propriété à peu près comparable aux faits d'électro-dynamogénie.

Si maintenant on rapproche de ces vastes fermentations proliératives les synthèses morphologiques *intra vitam*, l'acte irréductible de la génération, — dans lequel l'ovule meurtri hérite d'une partie de l'énergie léguée par les ascendants, — on ne peut qu'admirer leur haute portée spécifique et, imposant silence à nos velléités de révolte, se recueillir sur le destin.

TABLE DES MATIÈRES

9381-03. — Corbeil. Imprimerie Ed. Crété.